Hiltrud von der Gathen

Das Penicillin nickt freundlich

Gedächtnistraining für Apotheker

D1728529

Hiltrud von der Gathen

Das Penicillin nickt freundlich

Gedächtnistraining für Apotheker

Pharmazeutisches Wissen
sicher behalten!

Mit mehr als 100 Übungen
aus der Apothekenpraxis.

Govi-Verlag

Bibliografische Information der Deutschen Nationalbibliothek

Die Deutsche Nationalbibliothek verzeichnet diese Publikation in der Deutschen Nationalbibliografie; detaillierte bibliografische Daten sind im Internet über http://dnb.d-nb.de abrufbar.

Dieses Buch dient dazu, Möglichkeiten der Gedächtnisoptimierung für Pharmazeuten aufzuzeigen. Es ist kein Lehrbuch der Pharmakotherapie, der Pharmazeutischen Betreuung o.ä. Die im Buch genannten Beispiele sind vor diesem Hintergrund aus didaktischen Gründen gewählt und die jeweiligen Angaben sind, sollen Sie Eingang in die Praxis finden, jeweils anhand des aktuellen wissenschaftlichen Standes im Einzelfall zu prüfen.

Geschützte Handelsnamen (Warenzeichen) wurden nicht besonders kenntlich gemacht. Aus dem Fehlen eines solchen Hinweises kann also nicht geschlossen werden, dass es sich um einen freien Warennamen handelt.

Die erwähnten Handelspräparate wurden lediglich beispielhaft bzw. aus didaktischen Überlegungen heraus gewählt.

Alle Abbildungen, soweit nicht anders bezeichnet, Govi-Verlag, Eschborn
Abb. 1: Brockhaus Bilder-Conversations-Lexikon, Band 3. Leipzig 1839, S. 223
Abb. 2: Wikipedia
Abb. 32–33: Meisterwerke-online
Abb. 55: fotolia; T. Lorenz
Abb. 56: fotolia; D. Sainthorant
Abb. 57: fotolia; D. Sainthorant
Titelbild: Anne Katrin Figge, fotolia

ISBN: 978-3-7741-1117-2
© 2010 Govi-Verlag Pharmazeutischer Verlag GmbH, Eschborn
Alle Rechte vorbehalten.
Kein Teil des Werkes darf in irgendeiner Form (durch Fotografie, Mikrofilm oder ein anderes Verfahren) ohne schriftliche Genehmigung des Verlages reproduziert oder unter Verwendung elektronischer Systeme verarbeitet, vervielfältigt oder verbreitet werden.
Satz: Fotosatz H. Buck, Kumhausen/Hachelstuhl
Druck und Verarbeitung: fgb – freiburger graphische betriebe GmbH & Co. KG
Printed in Germany

Inhaltsverzeichnis

»Phantasie ist wichtiger als Wissen. Denn Wissen ist begrenzt, wohin-
gegen die Phantasie die ganze Welt umfasst, dem Fortschritt Impulse
gibt, die Evolution gebiert.«

Albert Einstein (1879 – 1955)

Gebrauchsanweisung für das Buch

> *Das Penicillin nickt freundlich – was ist das für ein merkwürdiger Titel?*
> *In der Tat: Der Titel ist merk-würdig.*

Der Satz ist eine Eselsbrücke. Sie hilft, das Jahr der Entdeckung des Peni-
cillins, 1928, sicher im Gedächtnis zu verankern.
Wie? Das wird in Kapitel 3.9 besprochen.

Worum geht es in dem Buch?

Das Buch enthält drei Kapitel, die je nach Interesse unabhängig von-
einander gelesen werden können. Wiederholungen wichtiger Inhalte helfen,
diese ins Gedächtnis einzugravieren. Das erste Kapitel »Gehirn und Gedächtnis« vermittelt allgemeines Hintergrundwissen. Die Rolle von Gehirn
und Gedächtnis wird im Spiegel von Literatur, Geisteswissenschaft und
Geschichte beleuchtet. Das zweite Kapitel »Bau und Arbeitsweise des Gedächtnisses« liefert wichtige Grundkenntnisse zum Phänomen Lernen, aber
auch Anleitungen, eigene Lernvorgänge möglichst effektiv und effizient zu
gestalten. Das dritte Kapitel »Gedächtnistraining und Mnemotechniken«
erklärt bewährte Gedächtnishilfen und Eselsbrücken. Die Techniken werden
zunächst an allgemeinen Beispielen erläutert, dann auf das Erarbeiten und
Abspeichern pharmazeutischer Lerninhalte übertragen.

Wie ist das Buch zu lesen?

Dieses Sachbuch ist kein Roman. Um von seinem Inhalt zu profitieren,
ist es wichtig, alte Denkgewohnheiten in Frage zu stellen, offen für neue,
ungewöhnliche Denkabenteuer zu sein. Man sollte sich deshalb bei der
Lektüre Zeit nehmen, die Beispiele gedanklich nachvollziehen und auf
sich wirken lassen.

An wen richtet sich das Buch?

Der mit einem übergroßen Lernpensum konfrontierte *Pharmaziestudent* beginnt am besten mit dem Kapitel der optimalen Gestaltung der Lernbedingungen. Die Ausführungen zum Lesen, zur Lernbox, zum richtigen Wiederholen, zur Bedeutung der Lust beim Lernen, zum Erstellen von Mind Maps, zum Abspeichern von Gleichungen und Merksätzen werden seinen Lernalltag schnell bereichern und erleichtern.

Der wissbegierige *Jung-Approbierte* findet vor allem in den Ausführungen zur Garderoben-Methode, zum Mobile-Prinzip, zur Lokalisationsmethode, zum Geschichtenerzählen viele Beratungshinweise für die Arbeit in der Offizin. Da er nun seltener am Schreibtisch arbeiten wird als während des Studiums, muss er seine Lernstrategien den neuen Gegebenheiten anpassen.

Für den *fortgeschrittenen Berufskollegen* dürften die Ausführungen zum Umgang mit Vergessen von besonderem Interesse sein. Mit veränderten Lernstrategien lassen sich beachtliche Erfolge erzielen. Er findet viele Anleitungen, wie das Gedächtnis unterhaltsam trainiert werden kann, um neue Lerninhalte sicher in den Wissensschatz einzufügen. Das Abspeichern neuer Arzneimittelnamen und wichtiger Beratungshinweise gehört ebenso dazu wie das Merken von Namen und Gesichtern.

Was bringt die Beschäftigung mit Gedächtnistraining?

Gehirntraining erfrischt den Geist in jedem Alter. Wer seine Gedächtniskraft stärkt, ist geistig aktiver, nimmt intensiver seine Umwelt und dadurch das Leben wahr. Ein wacher Geist verspürt durch mehr Interesse mehr Lebensfreude. Erfolg und Anerkennung werden ihm zuteil. Dadurch fühlt er sich sicher, den Anforderungen des Lebens weiter gewachsen zu sein.

1. Gehirn und Gedächtnis

1.1 Fakten zum Biocomputer Gehirn

»Das Gehirn ist ein Wunder – ein ungeheuer kompliziertes Netz von spinnwebenfeinem Licht in unseren Köpfen, das unser gesamtes Selbstwertgefühl und Verständnis der uns umgebenden Welt bestimmt« (1). So beschreibt Daniel Tammet das Gehirn. Er ist ein so genannter Savant, ein Mensch mit einem phänomenalen Gedächtnis, einer der weltweit 100 Inselbegabten, deren verblüffende Talente 1988 in dem Film »Rain Man« eindrucksvoll dokumentiert wurden.

Die komplexeste Masse im Universum

Vieles, was sich zwischen Stirn und Hinterkopf, in den etwa 18 cm von Ohr zu Ohr abspielt, bleibt ein Rätsel. Das Gehirn ist nach Meinung vieler Wissenschaftler die komplexeste Masse im Universum.

Wie es genau funktioniert, gehört noch immer zu den großen Geheimnissen menschlichen Lebens. Nichts in der Welt arbeitet wie ein Gehirn, außer dem Gehirn selbst. Es lässt uns denken und lernen, Liebe und Mitleid empfinden, mit den Augen blinzeln und Ski fahren, ein Gedicht hören und ein Lied singen, eine Mathematikaufgabe lösen und eine fremde Sprache verstehen, es ersinnt den Faust und den Holocaust. Es ist wie kein anderes Organ für unser Menschsein verantwortlich.

Auch wenn der Kleine Prinz von Antoine de St. Exupery uns Menschen tief berührt – wir nehmen unsere Welt nicht mit Augen und Ohren und auch nicht mit dem Herzen wahr, sondern mit dem Gehirn – unter Assistenz aller Sinne.

Der Psychologe und Gedächtnisforscher Hans J. Markowitsch führt aus, dass unser Gedächtnis unsere Persönlichkeit und unsere Bewusstseinsfähigkeit ausmacht (2). Siegfried Lenz drückt diese Wechselbeziehung so aus: »Nicht nur wir machen Erfahrungen, gewisse Erfahrungen machen auch etwas mit uns ...«(3).

Unser Gedächtnis verbindet Vergangenheit, Gegenwart und Zukunft. Es wählt aus, indem es dieses erinnert und jenes vergisst. Es prägt Werte, aus denen sich individuelle Handlungsnormen ergeben. Es ist die Grundlage menschlicher Identität.

> »Wir sind, wer wir sind, auf Grund dessen, was wir lernen und woran
> wir uns erinnern.«
> Eric Kandel, Nobelpreisträger Medizin 2000

Das angeblich schlechte Gedächtnis

Etwa ein Viertel aller Erwachsenen behauptet, ein schlechtes Gedächtnis zu besitzen. Nur die wenigsten tun jedoch etwas dagegen. Harry Lorayne, der Vater aller Gedächtnisvirtuosen der Neuzeit, stellt bereits 1957 fest: »So etwas wie ein schlechtes Gedächtnis gibt es nicht. Es gibt nur ein geschultes oder ein ungeschultes Gedächtnis« (29).

Sitz des Gedächtnisses ist das Gehirn. Leider liegt dieser Hardware bei Lieferung keine Gebrauchsanweisung bei. Der Mensch benutzt es vor allem nach dem Prinzip von Versuch und Irrtum, um sich mit der Funktionsweise vertraut zu machen. Das scheint in den ersten Lebensjahren hervorragend zu funktionieren. Lernen ist bis zum Schulalter ausgesprochen lustbetont. Für Babys und Kleinkinder ist am interessantesten, was den größten Lernfortschritt bringt. Sie sind wahre Lernstaubsauger, die jede nur erdenkliche Information begierig aufsaugen.

Mit zunehmendem Alter jedoch häufen sich die Klagen über ein angeblich schlechtes Gedächtnis. Der eigenen Hardware »Gehirn« werden Fehler angelastet, die sehr häufig aus einem unzureichenden, falschen Umgang mit der Software resultieren. Genau genommen ist nicht das Gedächtnis schlecht, sondern die Fähigkeit, die gewünschten Informationen zur gewünschten Zeit und am gewünschten Ort abzurufen. Niemand würde sich bei einem Computerproblem darüber beschweren, einen schlechten Computer gekauft zu haben. Er würde vielmehr jemanden suchen, der den Umgang, den benutzerfreundlichen Einsatz so erklären kann, dass Probleme gelöst, minimiert und am besten in Zukunft vermieden werden.

Optimales Gedächtnismanagement

Ein gutes Gedächtnis gehört zu den wichtigsten Utensilien im Gepäck für die Reise durch das Leben. Hohe Intelligenz, die es nicht ohne gutes Gedächtnis geben kann, gilt häufig als Veranlagung oder Begabung. Dabei wird übersehen, dass nicht die Natur allein in Gestalt der Gene über außerordentliche mentale Leistungen entscheidet. Zweifelsohne wurden Wolfgang Amadeus Mozart hervorragende musikalische Erbanlagen in die Wiege gelegt. Die Entfaltung seines Talents wurde jedoch erst dadurch möglich, dass sein Vater frühzeitig diese Begabung erkannte und durch Üben förderte. Dies gilt auch für die Ausprägung von Gedächtnisleistungen.

Zwei wichtige Faktoren beeinflussen die Arbeitsweise des Gehirns jenseits der Erbanlagen enorm: erstens die Kenntnis und Nutzung effektiver Strategien und Techniken zur Informationsaufnahme und zweitens regelmäßiges, strukturiertes Training zur Informationsverarbeitung.

Im Folgenden soll erklärt werden, wie das Gedächtnis optimaler genutzt werden kann. Die vermittelten Kenntnisse dienen einerseits dazu, den privaten Alltag zu bereichern. Darüber hinaus erleichtern sie dem stets mit neuen wissenschaftlichen Erkenntnissen konfrontierten Pharmazeuten die Neuaufnahme pharmazeutischer Lerninhalte. Sie helfen, diese sicher im Gedächtnis so zu verankern, dass sie bei Bedarf zuverlässig abrufbar sind.

Das Geheimnis des optimalen Gedächtnismanagements liegt darin, die Fähigkeit zu schulen, bewusst Gedankenverbindungen herstellen zu können. Im ersten Teil des Buchs werden wichtige Voraussetzungen für ein erfolgreiches Management von Gedächtnisinhalten besprochen. Im zweiten Teil werden Techniken vermittelt, die die aktive Verarbeitung und Verankerung im Langzeitgedächtnis ermöglichen.

Zwei Hände voll gallertartige, walnussförmige Masse, das ist das Gehirn. Von der Größe einer Grapefruit liegt es wohlbehütet wie in einem Tresor im knöchernen Schädel. Es ist eingebettet in das vor Druck und Stoß schützende Gehirnwasser. Im Durchschnitt wiegt es ca. 1.300 g, wobei ein männliches Gehirn mit einem Durchschnittsgewicht von ca. 1.375 g schwerer ist als ein weibliches, das im Schnitt nur 1.245 g wiegt (15). Alle Spekulationen, dass Größe oder Gewicht etwas über die Kapazität aussagen, sind durch umfangreiche Untersuchungen an Durchschnittsbürgern und Genies widerlegt.

Die Struktur des Gehirns

Das Gewicht macht etwa 2 % des Körpergewichts aus. Das Gehirn von Albert Einstein wog mit 1.230 g unterdurchschnittlich wenig, das von Friedrich Schiller soll aufgrund seiner stattlichen Körper- und Kopfgröße überdurchschnittlich viel gewogen haben. Beide Gehirne waren zu außerordentlichen Leistungen fähig.

Überraschende, erstaunliche Gedächtnisleistungen sind deshalb nicht nur Genies vorbehalten. Sie können vielmehr von jedem geistig gesunden Menschen hervorgebracht werden, sogar lebenslang. Die Redensart »Man ist schließlich nur ein Mensch« wird meistens zur Entschuldigung eines Fehlers, zur Erklärung einer Unzulänglichkeit gebraucht. Viel besser wäre der Gebrauch zur Erklärung phantastischer Gedächtnisleistungen. Nichts auf der Welt erbringt so außergewöhnliche Leistungen wie die graue Substanz, die hinter der Stirn verborgen liegt.

Schätzungen ergeben, dass das Gehirn zwischen 30.000 Milliarden und 100.000 Milliarden Nervenzellen enthält. Aneinandergereiht sollen diese Nervenzellen eine Strecke von ca. 5,8 Millionen km ergeben, was 145 Erdumrundungen entspricht.

Sicher ist es schwer, Zahlen, die das Gehirn betreffen, auf ihre mathematische Exaktheit zu überprüfen. Vielleicht sollte man sie eher als Aufforderung sehen, sich von den unglaublichen Dimensionen dieses Organs in den Bann ziehen zu lassen, und sie einfach staunend zur Kenntnis nehmen.

Auf- und Abbau

Das Gehirn ist einem ständigen Auf- und Abbau unterworfen. Insgesamt verringert sich mit zunehmendem Alter die Anzahl der Gehirnzellen, da täglich zwischen 1.000 und 10.000 Zellen verloren gehen sollen. Dieser Verlust ist keineswegs dafür verantwortlich, dass die Gedächtniskapazität im Laufe des Lebens nachlässt. Wenn man die ungünstigsten Werte bei Gesamtzahl und Verlust annimmt, müsste der Mensch ca. 400 Jahre alt werden, um 10 % seiner Gehirnzellen zu verlieren.

Versorgt wird das Gehirn von ca. 600 km Blutgefäßen. Es benötigt 20 % des Stoffwechselumsatzes und 40 % des Gesamtsauerstoffbedarfs. Von den menschlichen Organen reagieren die Nervenzellen des Gehirns am empfindlichsten auf Sauerstoffmangel. Bleibt die reguläre Blutzufuhr z. B. in Folge eines Herz-Kreislaufstillstands aus, treten bleibende Schäden bereits nach drei bis fünf Minuten ein. Ohne Behandlung führt das innerhalb von Minuten zum klinischen Tod.

Funktion und Arbeitsweise des Gehirns

Die alten Ägypter glaubten, ähnlich wie Aristoteles (384 – 322 v. Chr.), der Sitz des Gedächtnisses sei das Herz. Im Mittelalter hingegen herrschte die Vorstellung, dass im Bauch des Menschen das Gedächtnis sitzt. Erst seit etwa 500 Jahren ist bekannt, dass das Gedächtnis im Gehirn lokalisiert ist. Bereits Hippokrates von Kos hat aber im 4. Jahrhundert v. Chr. wesentliche Elemente der Tätigkeit des Gehirns erkannt (4).

> *»Die Menschen sollten wissen, dass unsere Lustempfindungen und Freuden, unser Lachen und Scherzen ebenso wie unsere Freude und Schmerzen, unser Kummer und unsere Tränen vom Gehirn und nur vom Gehirn kommen.«*
> Hippokrates von Kos, berühmter Arzt der Antike, 4. Jahrhundert v. Chr.

Für den etwa zeitgleich lebenden Philosophen Platon war das Gehirn der Sitz der Seele. Für Aristoteles hingegen, seinen Schüler, übernahm das Herz diese Funktion. Das Gehirn deutet er als Kühlmaschine für das Blut. Die Frage, ob nun Herz oder Hirn der Sitz der Seele ist, beschäftigt die Menschheit bis heute. Vielleicht ist die Sichtweise, dass das Gehirn das neurobiologische Instrument der menschlichen Psyche ist, ein Kompromiss (13).

Im 17. Jahrhundert wurde die Arbeitsweise des Gehirns mit einer Linse verglichen, die die Gedanken bündelt, oder mit einem Spiegel, der die Gedanken reflektiert. Anfang des 20. Jahrhunderts verglich Sigmund Freud das Gehirn mit einer Dampfmaschine, die von Zeit zu Zeit Dampf ablassen muss, um störungsfrei zu funktionieren. Später wurde die Arbeitsweise des Gehirns immer wieder mit der gerade neusten Technik verglichen, vor allem den materiellen Aufschreibsystemen und Speichertechnologien. Da Papier erst im 13. Jahrhundert in Umlauf kam und Papyrus und Pergament wertvolle Materialien waren, wurde in alten Kulturen auf Wachs, Ton und Stein geschrieben. Im antiken Griechenland herrschte deshalb die Vorstellung, dass der Gedächtnisspeicher einer Wachstafel gleicht, in welcher die Erlebnisse, Informationen eingraviert und in Form so genannter Engramme abgespeichert werden (2, 23).

Die spätere Vorstellung, das Gehirn funktioniere wie eine Kamera, wurde abgelöst durch die Vorstellung, dass es wie ein Computer arbeitet. Auch der Vergleich, das Gehirn sei ein selbstlernender, von schwachen Strömen gespeister Biocomputer, kennzeichnet die Arbeitsweise nur unzureichend. Ein Computer speichert lediglich Informationen statisch und unveränderlich ab. Im Gegensatz dazu archiviert das Gehirn nicht nur, sondern findet Verbindungen, bewertet, kombiniert und formt daraus eigenständig neue Informationen. Es deutet und sortiert ein und aus.

Das Bild vom Computer

Das schafft kein Computer. Unsere Erinnerungen sind keine Bits in einem Speicher, sondern komplexe Muster von Geschichten, Bildern und Gefühlen. Jedes Gehirn verändert sich ständig durch Reaktion auf äußere und innere Erfahrungen. Jeder Gedanke, jede Emotion, jede Erfahrung verändert die unglaublich komplexe Struktur auf subtile, konkrete, nachhaltige Art und Weise.

Auch der bei Einsturz des Kölner Stadtarchivs im Frühjahr 2009 gezogene Vergleich, dass die Stadt durch den Verlust der alten Schriften ihr Gedächtnis verloren habe, trifft nicht den Kern der Sache. Es sind wertvolle Fakten verloren gegangen, aber kein Gedächtnis. Ein Archiv ist eine statische Sammlung von Informationen, die nicht von allein miteinander kommunizieren oder sich verknüpfen und verändern. Eher könnte man die Arbeit der Archivare mit der Arbeitsweise des Gehirns vergleichen, die bestimmte Inhalte suchen, zusammenstellen, deuten, bewerten.

Auch der von dem Schriftsteller Siegfried Lenz in seinem Buch »Über das Gedächtnis« herangezogene Vergleich, dass die Literatur das kollektive Gedächtnis der Menschen sei, hinkt (3). Siegfried Lenz führt später richtig aus, dass die Literatur »ein Speicher ist, die umfassendste Sammlung von Erlebtem und Gedachtem, ein einzigartiger Vorrat an Welterfahrung«.

Das Bild vom Hologramm

Neuere Studien gehen davon aus, dass der Aufbau des Gehirns am ehesten mit einem Hologramm verglichen werden kann (2, 21). Wird ein Hologramm zerstört, kann aus jedem Teil das gesamte Hologramm wieder reproduziert werden. Genau dies soll auch mit dem Gedächtnis möglich sein, da die Information nicht an einer bestimmten Stelle im Gehirn fixiert wird. Vielmehr wird sie in der Gesamtstruktur der Nervenzellen und vor allem in ihren Verbindungen untereinander abgespeichert. Selbst wenn Teile des Gehirns ausfallen, kann oft die Gesamtstruktur die einst gespeicherte Information rekonstruieren. Untersuchungen an Schlaganfallpatienten demonstrieren dies eindrucksvoll.

Jedes auch noch so ausgefeilte Bild von der Arbeitsweise und vom Aufbau wird dem ungeheuren Reichtum an unterschiedlichen Leistungen des Denkorgans niemals gerecht. Das menschliche Gehirn ist gleichzeitig Schatz und Wunder der »Krone der Schöpfung«.

1.2   Geschichte der Gedächtniskunst

Mnemosyne

Mnemosyne ist eine Gestalt der griechischen Mythologie. Sie gehört als Tochter des Uranus und der Gaia zu den Titanen und wurde als Göttin der Erinnerung verehrt. Sie galt den Griechen als schönste der Göttinnen. Zeus zog sie deshalb allen sterblichen und unsterblichen Frauen vor. Er wohnte ihr neun Tage und neun Nächte bei und zeugte mit ihr die neun Musen, die Göttinnen der Geschichte, des Epos, der Lyrik, der Tragödie, der Komödie, der Pantomime, des Tanzes, der Musik und der Astronomie. (Abb. 1)

Abb. 1:
Die neun Musen

Nach den Vorstellungen der griechischen Mythologie entstanden folglich Kreativität und Wissen (die neun Musen) aus der Vereinigung von Energie/ Zeus und Gedächtnis/Mnemosyne (4, 23).

Der Dichter Simonides von Keos, ca. 500 v. Chr., gilt als Begründer der Gedächtniskunst (4,6). Von ihm berichtete Cicero in De Oratore II: »Bei einem Festmahl, das von einem thessalischen Edlen namens Skopas veranstaltet wurde, trug Simonides zu Ehren seines Gastgebers ein lyrisches Gedicht vor, das auch einen Abschnitt zum Ruhm von Castor und Pollux enthielt. Der sparsame Skopas teilte dem Dichter mit, er werde ihm nur die Hälfte der für das Loblied vereinbarten Summe zahlen, den Rest solle er sich von den Zwillingsgöttern geben lassen, denen er das halbe Gedicht gewidmet habe. Wenig später wurde dem Simonides die Nachricht gebracht, draußen warteten zwei junge Männer, die ihn sprechen wollten. Er verließ das Festmahl, konnte aber draußen niemanden sehen. Während seiner Abwesenheit stürzte das Dach des Festsaals ein und begrub Skopas und seine Gäste. Die Leichen waren so zermalmt, dass die Verwandten, die sie zur Bestattung abholen wollten, sie nicht identifizieren konnten. Da sich aber Simonides an die Sitzordnung erinnerte, konnte er den Angehörigen zeigen, welches jeweils ihr Toter war. Die Identifizierung war die Grundlage für die Totenehrung durch die Familie. Die unsichtbaren Besucher, Castor und Pollux, hatten für ihren Anteil an dem Loblied freigiebig gezahlt, indem sie Simonides unmittelbar vor dem Einsturz vom Festmahl entfernt hatten.«

Simonides von Keos, der Begründer der Gedächtniskunst

Durch dieses Erlebnis kam Cicero auf den Gedanken, zu lernende Inhalte an verschiedenen räumlichen Plätzen einer vertrauten Umgebung mental zu fixieren und diese bildliche Vorstellung als Erinnerungshilfe zu nutzen. Jeder kennt die Redensart: »Davon kann ich mir jetzt ein Bild machen« oder »Ich bin im Bilde« als Synonym für Verstandenhaben, Informiertsein.

Cicero berichtet, dass ihm diese Begebenheit verdeutlicht hat, dass Basis für eine gute Gedächtnisleistung vor allem Ordnung und visuelle Aufnahme sind (4). Die Vorstellung, dass sich das Behalten von Inhalten durch die Verbindung von Wort und Bild verbessern lässt, findet sich vielfach in der klassischen Gedächtniskunst der Antike, indem zu erinnernde Worte/Inhalte durch Bilder symbolisiert werden. So lässt sich der Simonides-Mythos als Paradebeispiel für die mnemotechnische Vorgehensweise verstehen. Sie bildet die Grundlage für die meisten der seit der Antike mit Erfolg eingesetzten Techniken der Gedächtniskunst. Die bekannte Redewendung »An erster Stelle ist zu nennen« erinnert an diese alte Technik.

Bereits alte Wikingersagen wiesen dem Gedächtnis eine besondere Bedeutung zu (2). Von der Schulter des Göttervaters Odin starten täglich zwei Raben, Hugin und Munin – Gedanke und Gedächtnis. Nach ihrem Inspektionsflug über die Welt kehren sie zu Odin zurück, landen auf seiner Schulter und informieren ihn über das Geschehene.

Die Bedeutung des Gedächtnisses im Altertum

Auch kannte die antike Welt weder Druckverfahren noch Papier und vielfach auch keine Schrift. Einem guten Gedächtnis kam deshalb eine ganz besondere Bedeutung zu.

In den Jahrhunderten vor Erfindung der Schriftsprache und vor allem der Buchdruckkunst um 1450 durch Gutenberg haben viele menschliche Gemeinschaften ihr Wissen mit Hilfe von Erzählungen, die reich an Abenteuern, Dramen und starken Gefühlen waren, von einer Generation zur nächsten weitergegeben. Auch später noch hatte das Weitergeben des Wissens durch Erzählen einen hohen Stellenwert, da das Lesenkönnen nur einer kleinen Bevölkerungsschicht vorbehalten war. Viele der alten Mythen, Sagen, Epen, Geschichten wie das Ramayana-Epos in Indien, der Koran im Islam, die Bibel im Christentum, der Talmud im Judentum wurden einzig und allein aus dem Gedächtnis an künftige Generationen weitergegeben, flankiert durch Bilder, Melodien und Rhythmen.

Von den griechischen Philosophen Sokrates, Aristoteles und Platon ist bekannt, dass sie Techniken der Gedächtniskunst praktizierten und auch in ihren Rhetorikschulen lehrten. Auch im antiken Rom stand die Gedächtniskunst in hohem Ansehen. Cicero begriff die Mnemonik als Teil der Rhetorik. Er definiert Gedächtnis als Fähigkeit, mit der der Geist Geschehenes wieder zurückruft. Seneca soll 2.000 Bürger Roms namentlich gekannt haben. Auch Cäsar wandte bei seinen Reden Mnemotechniken an. Von Alexander dem Großen wird überliefert, dass er alle Soldaten seines Heeres mit Namen kannte. Friedrich der Große soll ebenfalls über ein sehr gutes Namengedächtnis verfügt haben. Die Kirchenlehrer Augustinus, Albertus Magnus und Thomas von Aquin bedienten sich dieser Techniken ebenso wie Martin Luther und Michelangelo (4). In allen Zeiten wurde Menschen mit einem guten Gedächtnis hohe Anerkennung zuteil.

> **»Wissen ist nichts Anderes als Erinnerung«**
> Platon, griechischer Philosoph (428 – 348 v. Chr.)

Schrift und Gedächtnis In Platons »Phaidros« berichtet Sokrates (469 – 399 v. Chr.) von der Erfindung des Schreibens: »Toth, der ibisköpfige Gott der ägyptischen Mythologie, zeigt Thamos, dem König von Ägypten, seine Erfindungen der Arithmetik, der Logik, der Geometrie, der Astronomie und der Schrift. Diese präsentiert er mit den Worten: »Mit der Schrift habe ich ein Mittel für beides gefunden – für die Weisheit und für das Gedächtnis.« Doch der König wandte ein: »Wer die Schrift gelernt haben wird, in dessen Seele wird zugleich mit ihr viel Vergesslichkeit kommen, denn er wird das Gedächtnis vernachlässigen ... Nicht für das Gedächtnis, sondern für das Erinnern hast Du ein Mittel gefunden (6).« Der ägyptische König erkannte schon früh, dass Erinnerung und Gedächtnis unterschiedliche Dinge sind.

Interessant ist, dass das Wort »Mittel« in diesem Zusammenhang mit Heilmittel/Pharmakon übersetzt wird, wie die Literaturwissenschaftlerin Aleida Assmann in ihrer Habilitationsschrift »Erinnerungsräume – Formen und Wandlungen des kulturellen Gedächtnisses«, ausführt (6). Diese Übersetzung findet sogar eine heilkundliche Analogie und spiegelt die Janusköpfigkeit des Gebrauchs der Schrift wider, da bereits seit Paracelsus (1493 – 1541) bekannt ist, dass allein die Dosis über Gift- und Heilwirkungen eines Mittels entscheidet.

Nicht zwangsläufig wird das im Gedächtnis verankert, was man »Schwarz auf Weiß nach Hause tragen kann«, wie es Goethe im Faust ausdrückt. Die Gedächtniskraft von Buchstaben und geschriebenen Worten wird vielmehr häufig überschätzt. Mit der Schrift lassen sich Inhalte unabhängig von menschlichen Gehirnen speichern. Harry Lorayne spricht jedoch von Bleistift und Papier als »Ersatzgedächtnis« (29). Durch den regen Gebrauch profitiere einzig und allein die Handschrift. Erinnerungsleistungen lassen sich dadurch nicht verbessern. Die Schrift, die der Sprache folgt, speichert anders und Anderes ab als Bilder.

Gerade im Zeitalter des regen Gebrauchs von Terminplanern, To-do-Listen, Haft- und Spickzetteln sollte man über deren Dosis nachdenken.

> »*Allein die Dosis macht das Gift*«
> Paracelsus, Arzt und Alchemist (1493 – 1541)

Auch heute gibt es noch Gedächtnisvirtuosen, die alljährlich in London zu einem Wettkampf des Memorierens antreten und für das »Guinness-Buch der Rekorde« mit spektakulären Spitzenleistungen aufwarten. Man kann jedoch nicht leugnen, dass die kulturelle Blüte dieser Kunst vorüber ist.

Gedächtniskunst in der Gegenwart

Während man in der Antike erfolgreichen Feldherren, Staatsmännern, Königen überragende Gedächtnisleistungen zuschrieb, rücken die Gedächtnisvirtuosen von heute eher in die Sphäre von Varietés und spektakulären Fernsehshows (6).

2. Bau und Arbeitsweise des Gedächtnisses

2.1 Der Königsweg des Lernens

Etymologisch gehört das Wort »lernen« zur Wortgruppe »leisten«. »Leisten« bedeutet ursprünglich »einer Spur nachgehen, nachspüren«. Schon von seiner Herkunft her hat Lernen deshalb etwas mit Spuren hinterlassen, Nachspüren zu tun. Dieser Vorgang ist an eine bewusste Aktion gekoppelt. Lernen erfolgt nicht passiv. Es ist ein aktiver Vorgang, in dessen Verlauf sich Veränderungen im Gehirn des Lernenden abspielen. Lernen muss deshalb bewusst gestaltet und klug organisiert werden, um den gewünschten Erfolg zu erzielen.

Definition »Lernen«

Die Fähigkeit zu lernen ist Voraussetzung dafür, sich den Gegebenheiten des Lebens anpassen zu können und dadurch zu überleben. Charles Darwin (1809 – 1882), der Begründer der modernen Evolutionstheorie, hat die Bedeutung des Lernens für die Weiterentwicklung der Arten eindrucksvoll erforscht und beschrieben.

Seine Erkenntnis »Survival of the fittest« ist oft fälschlich übersetzt worden mit dem Überleben des Stärksten (7). »To fit« bedeutet im Englischen jedoch vielmehr »passen«, so dass seine Erkenntnis besser das Überleben derjenigen beschreibt, die am besten zu den gegebenen Lebensumständen passen. Diese Anpassung setzt Lernen in all seiner Komplexität voraus.

Außerdem verhindert die Weitergabe der Erkenntnisse des Lernens an die Nachkommen, dass z. B. das Rad zweimal erfunden werden muss und wertvolle Energien verschwendet werden.

Beim Menschen versteht man unter Lernen den Erwerb von geistigen, körperlichen und sozialen Kenntnissen, Fähigkeiten und Fertigkeiten. Nur in seltenen Fällen geschieht dieser Erwerb zufällig und von allein. In den meisten Fällen ist der Erwerb eine klug zu organisierende Tätigkeit, die absichtlich erfolgt und deshalb Initiative voraussetzt. Zum Lernen gehört weiterhin die Fähigkeit zur Erinnerung, die Fähigkeit des Abrufens eines Inhalts zu einem gewünschten, selbst gewählten Zeitpunkt.

Leider ruft das Wort »Lernen« bei den Meisten eher negative Gefühle hervor. Lernen wird gleichgesetzt mit Schule und weckt Assoziationen wie Stress, Frustration, Versagensängste, Notendruck, Konkurrenzdenken und nicht selten auch Langeweile (8).

Abb. 2:
Der Nürnberger
Trichter

Einen Königsweg des Lernens gibt es nicht. Lernen ist immer individuell. Den in Abb. 2 dargestellten berühmten Nürnberger Trichter, mit dem der Lehrer das Wissen dem Schüler in den Kopf gießt und so »eintrichtert«, gibt es ebenso wenig. Auch kann Wissen nicht »vermittelt« werden wie eine Heirat, eine Stelle, eine Wohnung. Gehirne bekommen nichts vermittelt, sie erhalten Anregungen und produzieren das Wissen selbst (8).

Das Individuum muss sich auf die Suche nach dem eigenen Königsweg begeben. Dabei ist es hilfreich, die folgenden Kriterien der Wissensaufnahme einer genaueren Betrachtung zu unterziehen, um daraus Schlüsse für das eigene Verhalten zu ziehen.

Die Stufen des Lernens Lernen ist weit mehr als reines Abspeichern von Informationen. Lernen beinhaltet Wahrnehmen, Bewerten, Verknüpfen und Erkennen von Informationen.

Die erste Stufe ist die Wahrnehmung. Hier werden Informationen zunächst mit Hilfe der Sinne aufgenommen. Je mehr Sinne an der Informationsaufnahme beteiligt sind, desto intensiver ist der Eindruck und desto größer ist die Wahrscheinlichkeit, die Information zu behalten. Das Erlebnis »Weihnachten« ist auch deshalb für ein Kind unvergesslich, weil das Geschehen viele unterschiedliche Sinne anspricht: das Sehen des Weihnachtsbaums, das Hören der Weihnachtslieder, der Geschmack der Weihnachtsplätzchen, der Geruch von Mandarinen, Orangen, Tannennadeln und brennenden Kerzen.

In einer zweiten Stufe werden die wahrgenommenen Informationen bewertet. Ist das Wahrgenommene angenehm oder unangenehm, ist es neu oder alt, ist es interessant oder uninteressant, ist es groß oder klein, dick oder dünn, bringt es Vorteile oder Nachteile?

Auf der dritten Stufe wird versucht, das Wahrgenommene und Bewertete mit Bekanntem zu verknüpfen. Es stellt sich die Frage, ob es Parallelen gibt, ob Ähnliches schon einmal aufgenommen wurde.

Die letzte Stufe ist das Erkennen. Es ist die Suche nach Regelmäßigkeiten oder Gesetzmäßigkeiten, in die sich die neue Information eingliedern lässt. Oder es wird festgestellt, dass diese Information gänzlich neu ist, eine gänzlich neue Welt eröffnet, die mit nichts Bekanntem verglichen werden kann.

Grundsätzlich laufen Aufnahme und Verarbeitung von Informationen in fünf Schritten ab (Abb. 3).

Fünf Schritte zur Gedächtnisbildung

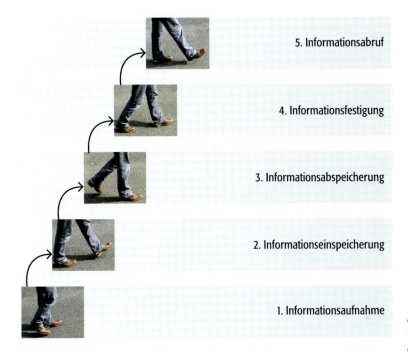

5. Informationsabruf

4. Informationsfestigung

3. Informationsabspeicherung

2. Informationseinspeicherung

1. Informationsaufnahme

Abb. 3:
Fünf Schritte zur
Gedächtnisbildung

1. Informationsaufnahme: Neue Informationen werden mit Hilfe der Sinne ins Gedächtnis aufgenommen.
2. Informationseinspeicherung: Für die neuen Informationen wird ein möglichst passender Platz im Gedächtnis gesucht.
3. Informationsabspeicherung: Die neuen Informationen werden in den Wissensschatz eingefügt.
4. Informationsfestigung: Die Ablage der neuen Informationen wird gefestigt.
5. Informationsabruf: Mit möglichst interessanten Abrufreizen wird die Information mehrmals ins Bewusstsein zurückgebracht.

Der Gedächtnisforscher und Psychologe Markowitsch (2) beschreibt die Stufen 2 bis 5 als Enkodierung, Konsolidierung, Ablagerung und Abruf/ Ekphorie. Durch den Abruf kommt es zu einer Re-Enkodierung, die das Wissen festigt.
Nur wenn alle fünf Stufen erfolgreich durchlaufen werden, wenn die Stufen zwei bis fünf mehrmals wiederholt werden, gelingt das Erinnern.

Lesen und Lernen   Viele Lernende machen den Fehler, auf der ersten Stufe, der Stufe der reinen Informationsaufnahme, des bloßen Wahrnehmens stehen zu bleiben. Bei Prüfungsvorbereitungen ist das meistens das Lesen.

Lesen bedeutet nicht Lernen. Wenn der Lernerfolg ausbleibt oder unzureichend ist, sollte vor allem selbstkritisch gefragt werden, ob diese anspruchsvolle Tätigkeit richtig organisiert worden ist. Die Frage lautet: »Habe ich bei den Vorbereitungen für die Prüfung viel gelesen oder viel gelernt?«

Man muss sich immer wieder vor Augen halten, dass von allen Möglichkeiten, neue Informationen aufzunehmen und abzuspeichern, das Lesen die schwächste Methode ist. Lesen bildet allenfalls eine nützliche, flankierende Maßnahme beim Lernen. Allein für sich betrachtet, ist Lesen keinesfalls mit Lernen gleichzusetzen.

Abb. 4 gibt eine Übersicht, wieviel Prozent durch unterschiedliche Lerntätigkeiten behalten werden.

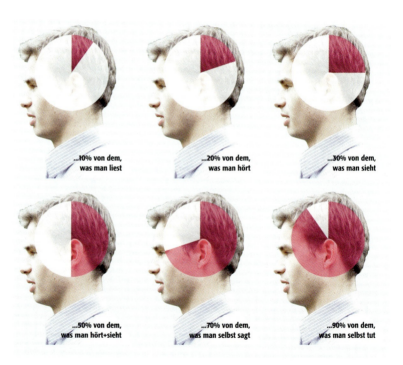

...10% von dem, was man liest

...20% von dem, was man hört

...30% von dem, was man sieht

...50% von dem, was man hört+sieht

...70% von dem, was man selbst sagt

...90% von dem, was man selbst tut

Abb. 4:
Man behält ...

Interessanterweise wurde in der Antike laut gelesen. Das bedeutete Murmeln bis hin zur Deklamation. Diese Gewohnheit wurde bis ins Mittelalter erhalten. So blieben Sinn und Klang der Wörter miteinander verbunden (24). Wie später ausgeführt wird, führt die Benutzung mehrerer Sinne bei der Informationsaufnahme zur Verbesserung der Gedächtnisleistung. Durch Murmeln, leises Mitsprechen, wird leises Lesen optimiert.

Ein gutes Gedächtnis beruht auf einer vielseitigen, aber nicht überbordenden Stimulierung im Kindesalter (2). Die ersten Verdrahtungen bestimmen deshalb entscheidend mit, wie später auf die Umwelt reagiert, mit ihr kommuniziert wird. Diese Erkenntnis gilt für alle Lebensbereiche, einschließlich des Lernens. Es ist deshalb nicht verwunderlich, dass unterschiedliche Menschen unterschiedliche Kanäle bei der Informationsaufnahme bevorzugen.

Lerntypen

Jeder Mensch lernt anders. Der eine hat ein fotografisches Gedächtnis und kann sich beim Wiederholen erinnern, wo und wie der Lerninhalt aufgeschrieben war. Gerade Pharmazeuten wird immer wieder nachgesagt, Inhalte des Studiums nur auswendig zu lernen. Von dieser sehr fragwürdigen Lernstrategie sind die Lerntypen abzugrenzen.

Der Biochemiker und Gedächtnisforscher Frederic Vester schlägt vor, vier bis fünf unterschiedliche Lerntypen zu differenzieren (13): den visuellen Sehtyp, den auditiven Hörtyp, den haptischen Fühltyp, den verbalen Typ bzw. den Gesprächstyp. Wenn als neuer Lerninhalt z. B. ein Dreieck im Mathematikunterricht vorgestellt wird, dann hilft dem visuellen Sehtyp, viele unterschiedliche Dreiecke zu sehen. Der auditive Hörtyp hört gern zu, wenn vom Wesen der Dreiecke erzählt wird. Der haptische Fühltyp begreift die Form des Dreiecks am besten, wenn er sich mit den Spitzen seines Geodreiecks in den Finger piekt. Der verbale Typ bzw. der Gesprächstyp hat den höchsten Lernerfolg, wenn er über den neuen Lerninhalt »Dreieck« reden und mit anderen darüber diskutieren kann. Untersuchungen haben gezeigt, dass alle Lerntypen in einer Schulklasse/Lerngruppe vertreten sind.

Es ist leicht einzusehen, dass ein Lernender des haptischen Fühltyps bei einem Lehrenden vom visuellen Sehtyp Schwierigkeiten haben muss, wenn Wissen aufgenommen werden soll. Jedes Wissen um den eigenen Lerntyp verbessert neben der Lernleistung auch die gesamte emotionale Struktur, in der Lernen stattfindet.

Allein die Kenntnis dieser Vielfalt, das Wissen über die Unterschiede kann den Lernalltag immens entlasten. Unzulänglichkeiten, Misserfolge, Fehler führen dann nicht mehr zu Schuldzuweisungen, sondern beflügeln, nach neuen Wegen der Informationsaufnahme zu suchen.

Das Phänomen, dass sich Leistungen von Schülern in einem bestimmten Fach nach Lehrerwechsel entscheidend verbessern oder verschlechtern, lässt sich mit Hilfe der unterschiedlichen Informationskanäle, auf denen Lehrende senden und Lernende empfangen, gut erklären und verstehen.

Fazit

Einen Nürnberger Trichter gibt es nicht. Lernen ist ein aktiv zu gestaltender Vorgang, der zum Erwerb von geistigen, körperlichen und sozialen Kenntnissen und Fähigkeiten führt. Von allen Methoden, neue Lerninhalte aufzunehmen, ist Lesen die schwächste Methode.

> Jeder lernt anders. Allein die Kenntnis der unterschiedlichen Lerntypen führt zu einer erheblichen emotionalen Entlastung im Lernalltag. Die Berücksichtigung des Lerntyps optimiert die Lernleistung beträchtlich.

2.2 Die physiologische Grundlage des Lernens

Die neuronale Plastizität
Die Anpassungsvorgänge des Zentralnervensystems an die Lebenserfahrung eines Organismus werden als Neuroplastizität bezeichnet.

Man versteht darunter sowohl die Neubildung von als auch die Veränderung an Synapsen und Nervenzellen, so dass die Feinstruktur des Gehirns immer das Resultat seiner Benutzung ist. Der Neurobiologe Gerald Hüther führt aus, dass Art und Intensität der Nutzung des Gehirns darüber entscheiden, wie viele Verschaltungen sich zwischen den Milliarden von Nervenzellen ausbilden, welche Verschaltungsmuster dort stabilisiert werden und letztlich, was man für ein Gehirn bekommt und wofür man es nutzen kann (31).

Unser Gehirn ist ständig ein »Werk im Werden«. Es arbeitet zu keinem Zeitpunkt statisch, sondern ist immer dynamisch in Aktion. Eins kann das Gehirn nicht: Nicht-Lernen.

Das Gehirn hat die Fähigkeit, unterschiedliche Sinneseindrücke miteinander zu verbinden, zu assoziieren. Diese Assoziationen entstehen durch Bildung und Verstärkung von Synapsen zwischen zwei oder mehreren Neuronen, in denen gleichzeitig elektrische Impulse, Aktionspotenziale, vorliegen. Jedes Neuron ist, wie bereits ausgeführt, mit bis zu 30.000 anderen Neuronen über 1 Trillion Synapsen vernetzt. Über elektrische Impulse und Moleküle tauschen die Nervenfasern Informationen aus und kommunizieren miteinander. An die 200.000 Impulse können bei diesem Gewitter von Gedankenblitzen gleichzeitig bearbeitet werden. Sie werden mit einer Geschwindigkeit von 120 Metern pro Sekunde transportiert. Das entspricht etwa 432 Kilometern in der Stunde. Der schnellste ICE fährt etwa halb so schnell, ein Düsenjet fliegt etwa doppelt so schnell (9).

Die Fähigkeit zur neuronalen Neuverknüpfung, aber auch das Lösen von Verbindungen kennzeichnen die neuronale Plastizität. Sie bleibt lebenslang erhalten.

> *»Es ist mit der Gedankenfabrik wie mit einem Webermeisterstück, wo ein Tritt tausend Fäden regt, die Schifflein herüber, hinüber schießen, die Fäden ungesehen fließen, ein Schlag tausend Verbindungen schlägt.«*
> Johann Wolfgang von Goethe (1749 – 1832), aus Faust

Durch die neuronale Plastizität gelingt es, Gedanken sich frei entwickeln zu lassen, sie auf die Reise zu schicken, ohne jedoch das Ziel vorzugeben. Es bedeutet, das Bewusstsein zu neuen, unkonventionellen Ideen hinzulenken, diese sprudeln zu lassen, Erfahrungen neu zu bewerten, neu zu kombinieren und neue Schlüsse daraus zu ziehen.

Gedankenreisen

Eindrucksvolle Ergebnisse von Gedankenreisen lassen sich bei dem Chemiker Friedrich August Kekulé (1829 – 1896) und bei dem Physiker Albert Einstein (1879 – 1955) nachweisen. Beide besaßen die bemerkenswerte Fähigkeit, ungewöhnliche Gedankenverbindungen bewusst herstellen zu können.

Von Kekulé wird berichtet, dass er die Verknüpfung der Kohlenstoffatome zu der Form des heute bekannten Benzolrings einem Tagtraum zu verdanken habe.

Der Traum des Friedrich August Kekulé

Abb. 5:
Die Ouroboros-
Schlange

In der Nacht seiner Entdeckung im Winter 1861 habe er an seinem Schreibtisch in einer Art Halbschlaf das Funkenspiel in seinem Kaminfeuer wahrgenommen. Er habe die C- und H-Atome buchstäblich vor seinen Augen tanzen sehen, als ihm plötzlich das alte alchimistische Zeichen der

Ouroboros-Schlange erschien, deren Kopf in den eigenen Schwanz beißt als Symbol für die Unendlichkeit. So habe er den Ring als Symbol für die Strukturformel des Benzols gefunden.

Die Entdeckung der Relativitätstheorie

Ebenfalls mit Hilfe eines Tagtraums gelang es Albert Einstein, seine Relativitätstheorie aufzustellen. »National Geographic« berichtet die folgende Geschichte. Als er in Bern auf der Heimfahrt mit der Straßenbahn einen Uhrenturm passierte, schoss ihm ein Gedanke aus seiner Kindheit durch den Kopf: »Wie spät ist es auf dem Mars, wenn es auf der Erde mittags 12 Uhr ist?« Er stellte sich vor, wie sich die Straßenbahn mit Lichtgeschwindigkeit vom Turm entfernt. Was würde die Uhr dann anzeigen? Die Lichtgeschwindigkeit ist unveränderlich. Es würde so aussehen, als sei die Uhr stehen geblieben. Die Straßenbahn könnte das Licht nicht einholen. Seine eigene Uhr würde jedoch ganz normal weiterlaufen. Daraus resultierte die Erkenntnis, dass die Zeit überall im Universum unterschiedliche Geschwindigkeiten haben kann, abhängig davon, wie schnell man sich bewegt. Der Zeitbegriff einer Person ist also relativ zu ihrem Standort im Universum. Das war die Geburtsstunde der Relativitätstheorie, die den Begriff von Raum und Zeit für immer veränderte. Einsteins außergewöhnliche Fähigkeit, seine Gedanken im wahrsten Sinn des Wortes auf die Reise zu schicken, lieferte die Erklärung.

Er selbst hat über den Prozess seiner Entdeckungen gesagt, er sehe bestimmte Zusammenhänge intuitiv vor sich und habe dann oft große Mühe, die Dinge in mathematischer Sprache auf den Punkt zu bringen (8). Er räumte seinen Fantasiereisen einen erheblichen Einfluss auf seine Entdeckungen ein (21).

Die Pointe von Witzen

Auch der Überraschungseffekt von Witzen, die Pointe, ist ein lebendiges Beispiel dafür, wie Gedanken auf die Reise geschickt werden und an ungeahnten, neuen Zielen ankommen können. Folgender Witz soll zeigen, wie Gedanken auf die Reise geschickt werden.

Zwei Teenager begeben sich spät abends auf den Nachhauseweg. Da sagt der eine zu dem anderen: »Wenn ich jetzt so spät nach Hause komme, da wird meine Mutter wieder kochen.«

Das logische Ziel der Gedankenreise ist, dass die Mutter verärgert sein wird über das späte Nachhausekommen.

Wie überrascht ist man aber, wenn man die Antwort der anderen hört, die sagt: »Du hast es gut. Meine Mutter kocht mir nie etwas, wenn ich so spät heimkomme!«

Das ist ein unvermuteter Gesprächsverlauf. Das Gespräch kommt an einem anderen Ziel als dem vermuteten an. Das ist die Pointe.

> Das Gehirn ist ständig ein »Werk im Werden«. Lernen verstärkt und bildet neue Synapsen im Zentralnervensystem. Diese Fähigkeit wird als neuronale Plastizität bezeichnet. Sie bleibt lebenslang erhalten. Die neuronale Plastizität ist die Grundlage, »neue Gedanken« zu denken, zu neuen Erkenntnissen zu kommen. Die Gedankenreisen von Einstein und Kekulé zeugen von ihrer Bedeutung.

Fazit

Eine gute tägliche Übung, die das Gehirn fordert, ist das Training mit Alphabeten. Man nimmt sich ein Thema vor, geht in Gedanken das Alphabet durch und findet zu jedem Buchstaben einen entsprechenden Begriff.

Alphabete üben

Einfache Themen sind beispielsweise Vornamen, Städte, Länder, Tiere, Lebensmittel/Obst/Gemüse, Pflanzen/Blumen/Heilpflanzen, deutsch/lateinisch.

Etwas schwierigere Themen sind Musikinstrumente, Werkzeuge, Autoteile, Politiker, Musiker/Komponisten, Schriftsteller, Maler, Berufe, Fußballvereine, DAX-notierte Unternehmen, Kochtechniken, Küchengeräte, Apotheke/Rezeptur/Labor.

Anspruchsvoll sind Alphabete zu Begriffen wie Liebe/Freundschaft, Wasser, Luft, Frühling/Sommer/Herbst/Winter, Ereignisse des laufenden/vergangenen Jahres, Urlaubserlebnisse, Indien/Afrika/Asien/Amerika, meine Stärken/Schwächen.

Beispiel: Laboralphabet
A = Abzug
B = Bürette
C = Cassia-Kolben
D = Dreifuß
E = Erlenmeyerkolben
F = Filterpapier
G = Glasstab
H = Hornlöffel
I = Ionenbesen
J = Jodzahlkolben
K = Kapillare
L = Liebigkühler
M = Messzylinder
N = Nutsche
O = Objektträger
P = pH-Papier
Q = Quecksilberthermometer
R = Reagenzglas

S = Spatel
T = Trichter
U = Uhrglas
V = Viskosimeter
W = Wasserbad
X =
Y =
Z = Zentrifuge

Erfahrungsgemäß bereiten die Buchstaben x und y häufig, aber nicht immer Probleme.

Erstellen Sie am Ende des Buches ein Alphabet zum Thema Gehirn und Gedächtnis!

2.3 Gedächtnis und Lernen im Alter

> *»Es gibt keine Erinnerung, die man in Kampfer einwickeln kann, um die Motten fernzuhalten.«*
> William Wordsworth, britischer Dichter (1770 – 1850)

Veränderungen im Alter

Vergesslichkeit verursacht unangenehme Gefühle, die von Verlegenheit und Frustration bis hin zu Besorgnis, Demütigung, Verlust von Selbstvertrauen und manchmal sogar Angst reichen können. Die Sorgen über die Vergesslichkeit verursachen Stress, der sich negativ auf die Gedächtnisleistung auswirkt (10).

Bekanntlich sind fast alle Strukturen und Funktionen des menschlichen Körpers am Alterungsprozess und an der Degeneration beteiligt. Beispielsweise verlieren die Atmungsorgane an Elastizität, im Bewegungsapparat kommt es zu Veränderungen an Knochen, Muskeln und Gelenken. Durch den Umbau des Herzmuskelgewebes und der Arterienwände sinkt die Leistungsfähigkeit des Herz-Kreislaufsystems.

Auch das Gehirn ist vom Alterungsprozess durch die Umbauvorgänge betroffen.

Die gute Nachricht: Das Gedächtnis des alternden Menschen vermag im Prinzip dasselbe zu leisten wie das Gedächtnis eines jungen. Damit dies jedoch gelingt, bedarf es einer größeren Anstrengung. Plakativ lässt sich das in dem Satz »Schnelle Jugend, weises Alter« ausdrücken (8).

Der alternde Mensch sieht sich vor allem mit folgenden Veränderungen in Bezug auf Gehirn und Gedächtnis konfrontiert:

■ Positiv ist, dass negative Erlebnisse nicht mehr so stark wahrgenommen werden wie in jungen Jahren. Auch werden negative Geschehnisse aus der Vergangenheit weniger stark erinnert. Dies hängt damit zusammen, dass positive Erlebnisse stärkere Gedächtnisspuren im Gehirn hinterlassen und folglich besser verankert werden.

■ Ältere Menschen lernen langsamer als jüngere. In grauer Vorzeit war es für junge Menschen wichtig, viele Informationen schnell zu lernen, um nicht zu verhungern oder gar gefressen zu werden. Da das Wissensnetz noch nicht so groß ist, können junge Menschen weniger Anknüpfungspunkte finden als ältere. Im Alter lernt man langsamer, um präziser die neuen Informationen in das bereits vorhandene Wissensnetz »einzuhäkeln«. So beugt man dem Vergessen vor.
Ausweg: Ältere Menschen benötigen mehr Zeit für die Informationsaufnahme. Diese Zeit sollten sie sich nehmen und sich durch nichts und niemanden beim Lernen unter Druck setzen lassen.

■ Im Gegensatz zu jüngeren können ältere Menschen meist die Informationsquelle weniger präzise angeben. Man hat die Information wahrgenommen und erinnert sie, aber weiß nicht mehr, wer davon erzählt oder wo man darüber etwas erfahren hat.
Ausweg: Hier hilft mehr Konzentration bei der Informationsaufnahme, ein bewusstes Hinlenken der Aufmerksamkeit auf die Quelle der Information.

■ Bei der Informationsaufnahme stören Nebenreize intensiver. Es fällt dem älteren Menschen schwerer, mehrere Dinge gleichzeitig zu tun. Beim Überqueren einer Straße wird ein älteres Paar eher seine Unterhaltung unterbrechen, um sie erst bei Erreichen der anderen Straßenseite wieder aufzunehmen. Die volle Konzentration ist für das sichere Überqueren nötig. Ein jüngeres Paar würde die Unterhaltung auch beim Überqueren fortsetzen.
Ausweg: Es gilt für den älteren Menschen, störende Nebenreize wie Geräusche, abschweifende Gedanken, weitere Tätigkeiten bei der Informationsaufnahme so weit wie möglich auszuschalten, um sich beim Konzentrieren nicht ablenken zu lassen.

■ Die Erinnerung an einen Sachverhalt lässt im Laufe von Tagen und Wochen schneller nach als bei jüngeren Menschen. Jüngere Menschen behalten Informationen länger als ältere.
Ausweg: Es ist es wichtig, behaltenswerte Inhalte regelmäßig zu repetieren.

■ Aufmerksamkeitslücken treten im Alter häufiger auf als in früheren Jahren. Sie sind meist das Ergebnis geteilter Aufmerksamkeit, besonders bei Routinetätigkeiten. Das Verlegen von Gegenständen ist ein Beispiel dafür. Aufmerksamkeitslücken sind bis zu einem gewissen Grad normal und sollten nicht dramatisiert werden. Gerade bei Routinetätigkeiten ist es hilfreich, die erste – wie Flaschen in den Keller bringen – vollkommen zu Ende zu führen, bevor eine zweite Tätigkeit – wie Leeren des Briefkastens – in Angriff genommen wird. So wird verhindert, dass zwar vieles begonnen, aber nichts richtig zu Ende geführt wird.

Ausweg: Die Konzentration sollte stärker zur ungeteilten Aufmerksamkeit hingelenkt werden. Für den älteren Menschen ist es hilfreich zu wissen, dass es ihm schwer fällt, sich auf mehrere Dinge gleichzeitig zu konzentrieren.

■ Weiter zurückliegende Ereignisse werden meistens besser erinnert als eben Erlebtes. Der ältere Mensch kann sich eher daran erinnern, was er als Kind gern gegessen hat, was zu Weihnachten in der Familie aufgetischt wurde, als daran, was gestern oder vorgestern auf dem Teller lag. Dieses Phänomen lässt sich mit dem abgewandelten englischen Sprichwort »last in, first out« charakterisieren und wurde bereits 1881 von dem französischen Nervenarzt Theodule Ribot beschrieben. Es wird deshalb Ribot'sches Gesetz genannt (2). Informationen, die erst kürzlich gespeichert worden sind, können eher verloren gehen. Informationen, die hingegen schon lange gespeichert sind, erweisen sich als äußerst »löschresistent«. Diese als »benigne Altersvergesslichkeit« bezeichnete Erscheinung beginnt meist mit einem Nachlassen der Erinnerung an Namen.

Ausweg: Auch hier ist auf eine verstärkte Aufmerksamkeit bei der Informationsaufnahme zu achten. Die in Kap. 3.8 beschriebenen Methoden erleichtern die Speicherung der Namen.

Die Beanspruchung des Geistes im Alter

Alles, was man mindestens zwei Jahrzehnte kontinuierlich getan hat, ist stabil im Gehirn verankert. Man wird bei geistiger Gesundheit niemals die Fähigkeit zu lesen verlernen. Es schwächt jedoch das Gedächtnis, wenn eine Fähigkeit/Fertigkeit lange nicht abgerufen wird.

> *»Das Gedächtnis nimmt ab, wenn man es nicht übt.«*
> Cicero, römischer Politiker (106 – 43 v. Chr.)

Wie ein Muskel, der abbaut, wenn er nicht beansprucht und bewegt wird, so baut auch das Gehirn seine Verbindungsstrukturen zwischen den Neuronen ab, wenn es nicht gefordert wird, sie zu benutzen.

So erhält die umfassende Beanspruchung des Geistes das Gehirn möglichst lange funktionstüchtig. In dem Wort »Beanspruchung« steckt das Wort »Spruch/sprechen«. Dieses Beanspruchtwerden unterscheidet sich maßgeblich von einer reinen Beschäftigung und geht weit über reine Routinetätigkeiten hinaus. Es umfasst Interaktionen im zwischenmenschlichen

Bereich, die durch ihre Komplexität das Gehirn positiv fordern und helfen, neue Wege zu gehen, neue Gedanken zu denken.

Für viele Menschen ist deshalb der Übergang vom Berufsleben in den so genannten Ruhestand eine besondere Herausforderung, da die berufsbedingte Beanspruchung des Geistes durch neue Gehirnaktivitäten ersetzt werden muss, wenn man weiter geistig rege bleiben möchte. Trotz der vielfältigen organischen Veränderungen gibt es starke individuelle Unterschiede. Sie sind u. a. abhängig von Bildung, intellektueller Forderung und regelmäßig praktiziertem Gehirntraining.

Das Training des Gehirns soll komplexe Vorgänge umfassen, die die Gedanken umfangreich auf neue Wege schicken. Eine einseitige Beschäftigung mit Kreuzworträtseln oder Sudoku verbessert meist nur die Fähigkeit, Kreuzworträtsel oder Sudoku zu lösen. Ähnlich verhält es sich mit dem besonders in den USA sehr populären Gehirnjogging, das man in speziellen Brain-Fitness-Studios trainieren kann. Entsprechende Untersuchungen zeigen bisher, dass sich die trainierten Fertigkeiten dadurch zweifelsohne verbessern lassen. Andere Fähigkeiten des Gehirns lassen sich dadurch jedoch nicht besonders gut trainieren.

Der Neurobiologe Gerald Hüther nennt Achtsamkeit eine wesentliche Wartungs- und Unterhaltungsmaßnahme für das menschliche Gehirn (31). Durch verstärkte Achtsamkeit lassen sich Funktionen des Gehirns erheblich verbessern. Die häufig gebrauchte Redewendung »ganz in Gedanken sein«, die meist als Entschuldigung für eine Unaufmerksamkeit gebraucht wird, sollte ergänzt werden zu »ganz in Gedanken dabei sein«.

Wartungsmaßnahmen für das Gehirn

Für den älteren Menschen ist es besonders wichtig, sich immer wieder kritisch mit seinen durch Alter eingefahrenen Denkbahnen auseinanderzusetzen. Da das Gehirn das Resultat seiner Nutzung ist, muss die Fähigkeit, Neues zu denken, sich selbst in Frage zu stellen, regelmäßig geübt werden.

Eine Antwort auf die Frage nach der praktischen Umsetzung ist nicht einfach. Sicher geht es nicht allein dadurch, wie es manche angeblich wissenschaftliche Ratgeber empfehlen, dass man von Zeit zu Zeit an einer Blume riecht, mit geschlossenen Augen die Treppe hinuntergeht oder beim Essen Messer und Gabel vertauscht. Indem man hin und wieder gewöhnliche Tätigkeiten anders ausführt, ändert man noch keine Verschaltungen im Gehirn. Es geht darum, bei alltäglichen Tätigkeiten mehr wahrzunehmen, intensiver bei der Sache zu sein, tiefer zu empfinden und sich darüber Gedanken zu machen.

Eine Möglichkeit, seine Gedanken neu zu ordnen und zu bewerten, neue Denkbahnen zu erschließen, ist der Versuch, Alphabete zu komplexen Themen aufzustellen:

- Was ist im Laufe meines Lebens wichtiger für mich geworden?
- Welche natürlichen und übernatürlichen Fähigkeiten möchte ich gern besitzen?
- Was sind meine Stärken/Schwächen?
- Was wünsche ich meinen Kindern/Enkeln für ihr Leben?
- Was schätze ich an Menschen, die mir lieb sind?
- Was würde ich ändern, wenn ich ab morgen allein regieren könnte?
- Was wird für mich an meinem 80. Geburtstag wichtig sein?

Abschließend sei gesagt, dass alle Leistungen des Gehirns besonders gut auf Unterstützung durch körperliche Bewegung reagieren. Körperliche Bewegung fördert die Durchblutung im Gehirn und stärkt das Denken.

Gedächtnisleistungen im hohen Alter

Für den Philosophen Martin Buber (1878 – 1965) war »Alter ... ein herrlich Ding, wenn man nicht verlernt hat, was anfangen heißt.«

Verdi komponierte mit 74 Jahren die Oper Othello und mit 80 die Oper Falstaff. Goethe schrieb mit 82 Jahren Faust II. Arturo Toscanini dirigierte noch als 87-Jähriger allwöchentlich Live-Konzerte des NBC Symphony Orchestra. Sehr effektiv wirkt sich besonders Musizieren auf die Fähigkeiten des älteren Gehirns aus. Einstein spielte etwa Zeit seines Lebens hervorragend Geige.

Merke: Ohne Erinnerungswunsch keine Erinnerung!

Fazit Im Alter verändert sich der Organismus. Von krankhaften Veränderungen, die mit Gedächtniseinschränkungen einhergehen, ist die benigne Altersvergesslichkeit abzugrenzen. Keinesfalls bedeutet eine zeitweilige Geistesabwesenheit ein schlechtes Gedächtnis.
Der Neurobiologe Gerald Hüther stellt fest: »Ein zeitlebens lernfähiges Gehirn ist auch zeitlebens veränderbar« (31). Da die neuronale Plastizität bis ins hohe Alter erhalten bleibt, ist das ältere Gehirn im Prinzip zu allem fähig, was das jüngere Gehirn kann. Da es jedoch Lerninhalte anders verarbeitet, für Lernstörungen anfälliger ist, muss der ältere Mensch seine Lernstrategien den Veränderungen anpassen.
Ein älterer, von Erinnerungswünschen beseelter Mensch wird weiterhin erstaunliche Gedächtnisleistungen zustande bringen. Man muss nur wollen und mit dem Gedächtnis regelmäßig arbeiten.

2.4 Die Voraussetzungen für erfolgreiches Lernen

Lernen ist immer individuell. Die erfolgreiche Aufnahme neuer Informationen hängt jedoch bei jedem Menschen von verschiedenen Kriterien ab. Das sind die vier Säulen des Lernerfolgs (Abb. 6). Die Kenntnis der Bedeutung dieser Säulen hilft, den Lernprozess klug und effektiv so zu organisieren, dass sich der gewünschte Erfolg – das willentliche Erinnern des Lerninhalts zu jedem gewünschten Zeitpunkt – einstellt.

Die vier Säulen des Lernerfolgs

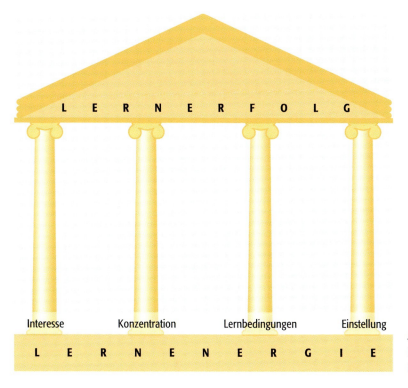

Abb. 6:
Die vier Säulen des Lernerfolgs

Interesse steuert die Wahrnehmung. Nur das, was wirklich interessiert, wird ins Gedächtnis aufgenommen. Wenn ein bestimmtes Auto in der Farbe weiß gekauft werden soll, werden vom Käufer plötzlich sowohl der geplante Autotyp als auch die weiße Farbe viel häufiger im Straßenverkehr wahrgenommen.

Die Bedeutung von Interesse

Wenn Menschen über ein schlechtes Gedächtnis klagen, so ist immer die Frage zu stellen: »Ein schlechtes Gedächtnis wofür?« Vielleicht meinen sie, ein schlechtes Gedächtnis für Namen oder Zahlen, so dass sie ihre Mitmenschen manchmal nicht mit Namen ansprechen können oder markante Jahrestage vergessen. Häufig stellt sich dann jedoch heraus, dass sie für andere Inhalte ein sehr gutes Gedächtnis besitzen, für die Aktienkurse bestimmter Unternehmen, für populäre Musik einer bestimmten Epoche, für aufregende, überraschend verlaufene Sportereignisse vergangener

Jahre. Wen die Ergebnisse von Bundesligaspielen jedoch nicht interessieren, wird sich deren Verlauf und Ausgang nur schwer und nur mit größter Mühe merken.

Es gibt einige wenige Dinge, die zufällig, wie von selbst so gelernt werden. Sie bleiben von allein im Gedächtnis haften, ohne dass ihnen ein aktiv gestalteter Lernprozess vorangegangen ist. Das sind Dinge, die von »brennendem« Interesse für das betroffene Individuum sind. Die Autorin Vera Birkenbihl hat dafür den Namen »Brennesselgedächtnis« geprägt (12). Bei Kontakt mit einem Brennnesselstrauch muss man nicht mühsam lernen und wiederholen, dass dieser Kontakt schmerzhaft und deshalb in Zukunft zu vermeiden ist. Wenn es um das unversehrte Überleben geht, können Inhalte sofort im Gedächtnis abgespeichert werden. So wird der schmerzhafte Kontakt der Hände mit einer Herdplatte ebenso schnell abgespeichert wie eine Speise, die nicht geschmeckt oder gar Übelkeit hervorgerufen hat.

Auch bestimmte, positive Inhalte können ohne große Lernarbeit sofort sicher im Langzeitgedächtnis abgespeichert werden. Den verabredeten Termin für das erste Rendezvous mit einem Traumpartner muss man wahrscheinlich nicht notieren und auf Wiedervorlage legen.

Interesse ist eine wichtige Voraussetzung für die Aufnahme von Lerninhalten. Wer sich für viele Dinge interessiert, wird auch viele Dinge im Gedächtnis behalten.

Bei einer Klage über ein schlechtes Gedächtnis sollte deshalb immer die Frage nach dem vorhandenen Interesse gestellt werden.

Der Einfluss der Konzentration

Ohne Konzentration keine Wissensaufnahme. Bei Interesse kommt die Konzentration von allein. Mit Hilfe der Konzentration werden die geistigen Fähigkeiten auf den aufzunehmenden Lerninhalt fokussiert. Dieser auch Auf-MERK-samkeit genannte Zustand ist eine wichtige Voraussetzung, sich einen Lerninhalt »merken« zu können.

> *»Aufmerksamkeit – vielleicht die erstaunlichste all unserer wunderbaren Geisteskräfte«*
> Charles Darwin, britischer Naturforscher (1809 – 1882)

Das Ausmaß des Behaltens von dargebotenem Material ist abhängig von der Zuwendung, die der Lernende für das Thema aufbringt (8). Je aufmerksamer ein Mensch ist, desto besser wird er die dargebotenen Inhalte behalten. Lernen setzt einen wachen Geist voraus. Dieser Aspekt der Aufmerksamkeit wird Vigilanz, die geistige Wachheit, genannt.

Ein weiterer Aspekt ist die Ausrichtung der Aufmerksamkeit auf den zu lernenden Gegenstand und die zeitweise Ausblendung anderer Sinneseindrücke. Der Philosoph Edmund Husserl (1859 – 1938) bezeichnet dies als Abschattung des Bewusstseins (4). Störende Nebenreize sind, so weit es geht, abzustellen. Das Hören von Musik beim Lernen ist deshalb kritisch zu hinterfragen. Wenn es jedoch gelingt, die Sinne zu bündeln, einzig und allein auf die aufzunehmende Information auszurichten und geistige Abwesenheit und Zerstreutheit zu minimieren, dann werden Fortschritte beim Gedächtnismanagement nicht ausbleiben.

Gelingt es bei Lernbeginn, Verbindungen zu Bekanntem, Assoziationen zu bereits verankertem Wissen aufzuspüren, stellt sich die Aufmerksamkeit fast von allein ein (13). Für den Lehrenden gilt, den Lernenden bei der Suche nach Assoziationen zu helfen und mögliche Anknüpfungspunkte vor Wissensvermittlung zu präsentieren.

Auch darf nicht vergessen werden: Konzentration erfordert Energie. Sie steht jedoch keinem Individuum in unbeschränktem Ausmaß zur Verfügung. Ein durchschnittlich begabter Mensch kann nicht den ganzen Tag mit höchster Konzentration arbeiten. Wie bei einer körperlichen Betätigung sind unbedingt ausreichend Pausen einzulegen. Normalerweise kann ein Mensch selten länger als vier Stunden am Tag mit höchster Konzentration arbeiten. Mehrere kürzere Lerneinheiten ermöglichen eine sicherere Informationsaufnahme als eine längere.

An einem ungenügenden Erfolg des Lernens trägt folglich nicht immer ein angeblich schlechtes Gedächtnis Schuld, sondern häufig mangelnde Aufmerksamkeit bei der Aufnahme der Inhalte.

Merke: Mehrere kürzere Lerneinheiten sind effektiver als eine längere!

Die Gestaltung der Lernbedingungen

Die Lernbedingungen beeinflussen die Konzentration ganz erheblich. Sie müssen auch abhängig vom Lebensalter sorgfältig gestaltet werden. Ein junger Lernender kann unzulängliche Bedingungen in einem gewissen Rahmen eher tolerieren als ein älterer. Unter Lernbedingungen versteht man den Einfluss der Umwelt auf den Lernprozess. Die Umweltbedingungen müssen deshalb kritisch hinterfragt werden und sind für den Lernprozess so weit wie möglich zu optimieren. Negative Einflüsse auf die Lernbedingungen rufen Lernwiderstände hervor.

Folgende Fragen sollte sich der Lernende bezüglich der Lernbedingungen stellen und Störendes vor Beginn des Lernprozesses möglichst ausschließen:

- Wird die Raumtemperatur als angenehm empfunden?
- Ist das Licht angenehm?
- Wird die Sitzhaltung als entspannt empfunden?

- Gibt es ablenkende/störende Geräusche in der Umgebung?
- Sind körperliche Bedürfnisse wie Hunger und Durst befriedigt?
- Können andere Termine/Tätigkeiten warten?
- Fühlt man sich eher müde/erschöpft oder psychisch wohl?
- Gibt es andere Dinge, die von der Lerntätigkeit ablenken?

Zerstreutheit, Ablenkung, Reizüberflutung und Reizüberlastung können die Konzentration ebenso negativ beeinflussen wie Monotonie, Langeweile und Über- oder Unterforderung.

Hier gilt es, den Lernprozess möglichst abwechslungsreich zu gestalten. Lernphasen, die höchste Konzentration beanspruchen, müssen mit Lernphasen abgewechselt werden, die ein niedrigeres Konzentrationsniveau erlauben. Außerdem sind regelmäßige Pausen mit körperlicher Betätigung wichtig. Bewegung hilft Denkblockaden zu lösen.

Das Finden der richtigen Einstellung Die vierte Säule, auf der Lernerfolg beruht, ist die positive Einstellung zu den eigenen Kapazitäten. Der Gedächtnisvirtuose Harry Lorayne ist sicher: »Ohne den Willen, ohne den ausgeprägten Wunsch, wird es nie eine Erinnerung geben (29).«

Die positive Einstellung beeinflusst das Lernresultat ganz erheblich. Wer mit der Einstellung »Ich werde das behalten, weil ich es behalten will« an eine Lernaufgabe herangeht, hat größere Chancen, diese zu bewältigen, als der, der sich von der Prophezeiung seines wahrscheinlichen Misserfolgs immer wieder entmutigen lässt. Der französische Philosoph Rene Descartes (1596 – 1650) hat den Satz geprägt: »Cogito ergo sum. Ich denke, also bin ich.« Vielleicht lässt sich daraus der Umkehrschluss ableiten: »Bin ich, was ich denke?«

Der amerikanische Psychologe Mihaly Csikszentmihaly nennt dieses Sicheinstellen auf eine Situation »konzentrative Visualisierung« (28). Viele Spitzensportler schwören auf diese Methode, um sich vor Wettkämpfen in Hochform zu bringen. Der für viele überraschende Erfolg der deutschen Fußballnationalmannschaft bei der WM 2006 geht mit auf den trainierten Einsatz der Technik zurück, sich mental auf den Erfolg einzustellen.

> »*Gedanken lenken und leiten uns, lassen uns siegen oder untergehen.*«
> Buddha (ca. 500 v. Chr.)

Die richtige innere Einstellung zu einer zu leistenden Arbeit kann man nur durch Eigenmotivation finden. Barack Obama hat im Vorfeld der Präsidentenwahl seine eigene innere Einstellung so eindrucksvoll ausgedrückt, dass sie zu einem geflügelten Wort geworden ist: »Yes, we can!« Der römische Philosoph Seneca (1 – 65 n. Chr.) hat richtig erkannt: »Nicht Wollen ist der Grund, nicht Können nur der Vorwand.« Nicht Wollen ist ein wichtiges Hemmnis beim Lernen. Ohne eine gewisse Hingabe an die Aufnahme der zu bearbeitenden Lerninhalte, ohne mit dem Herzen bei der Sache zu sein, ohne Wollen wird sich nur schwerlich Erfolg einstellen.

Der Tennisspieler Boris Becker sagte, nachdem er 1989 die US Open unter widrigen Umständen in Flushing Meadows gewann: »Du musst dieses Turnier lieben, wenn Du hier gewinnen willst. Du musst es lieben trotz des Fluglärms über Dir, Du musst es lieben trotz der hysterischen Zuschauer, trotz des Betonkessels und trotz der Affenhitze. Wenn Du es nicht lieben kannst, gehst Du besser vom Platz.« Becker wusste, dass er das Spiel nur gewinnen konnte, wenn er keine Energie durch Jammern band, sondern die geistigen Kräfte auf ein positives Ziel fokussierte (28).

Die mentale Vorstellung einer Situation wirkt häufig ebenso gut wie das reale Erlebnis. Manchem wird es kalt den Rücken herunter laufen, wenn er sich vorstellt, wie ein Stück Kreide über eine Schultafel kratzt. Das Wasser wird im Mund zusammenlaufen bei der Vorstellung, herzhaft in eine saure Zitrone zu beißen. Diese Reaktionen werden durch so genannte Spiegelneuronen vermittelt (5). Der richtigen Einstellung kommt deshalb eine ganz besondere Bedeutung zu.

Der Neurobiologe Gerald Hüther erklärt in seinem be-merken-swerten Buch »Bedienungsanleitung für ein menschliche Gehirn« eindrucksvoll, wie Denken das Gehirn und damit weitere Handlungen positiv oder negativ beeinflusst (31).

Alle vier Säulen beeinflussen die Lernenergie. Diese wird im Laufe des Lernprozesses immer wieder mit Lernwiderständen konfrontiert, die es zu überwinden gilt.

Die Beeinflussung der Lernenergie

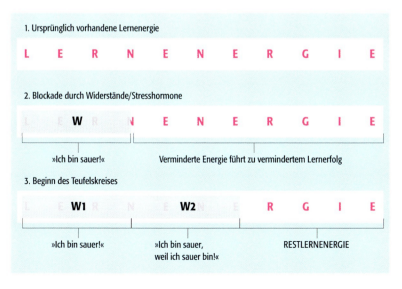

Abb. 7:
Die Beeinflussung
der Lernenergie

Vera Birkenbihl beschreibt in ihrem Buch »Stroh im Kopf« die Bedeutung der Lernenergie so (12): Zu Beginn einer Lernperiode besitzt der Lernende eine gewisse Menge an Lernenergie, die nach Ausschaltung aller Störfaktoren für ihn das Maximum darstellt, das er aufbringen kann (Abb. 7). Nach einer gewissen Zeit, die je nach Individuum und Lernbedingungen unterschiedlich lang sein kann, stellt sich ein Lernwiderstand ein. Vielleicht wird plötzlich der Stuhl als zu hart empfunden, es ist zu kalt oder zu warm, das Lernen wird langweilig oder man ist einfach erschöpft und hat keine Lust mehr weiterzumachen. Der sonst so wenig geliebte Hausputz wird plötzlich sehr wichtig.

Der Umgang mit Denkblockaden Widerstände verursachen eine Denkblockade, die die ursprünglich vorhandene Lernenergie um den Faktor X vermindert. Es verwundert nicht, dass die verminderte Lernenergie zu einem verminderten Lernerfolg führt. Das ist der Beginn eines Teufelskreises. Man ärgert sich über den verminderten Lernerfolg, so dass ein zweiter Widerstand die ursprünglich vorhandene Lernenergie ein zweites Mal reduziert. Nun verwundert es nicht, dass von der ursprünglich vorhandenen Lernenergie nun nur noch ein kleiner Rest, die so genannte Restlernenergie, übrig bleibt.

Der Teufelskreis Abb. 8 zeigt den kompletten Teufelskreis. Lernwiderstände, die alle vier Säulen des Lernerfolgs betreffen, reduzieren die Lernenergie so weit, dass die Restlernenergie nicht mehr ausreicht, den Lerninhalt erfolgreich zu bearbeiten. Es entsteht Frust, Lernfrust. Die eigene, negative Einstellung, dass Lernen schwer ist, wird bestätigt. Die Vorhersage, wie etwas verlau-

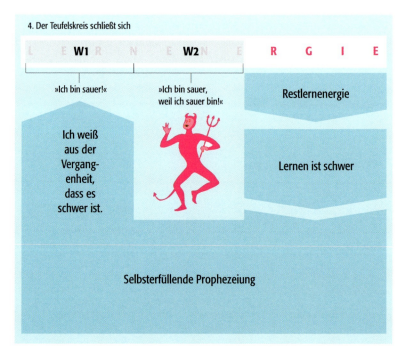

Abb. 8:
Der Teufelskreis

fen wird, wird eine »selbsterfüllende Prophezeiung« genannt. Wenn man aus der eigenen Vergangenheit weiß, dass Lernen schon immer schwer gefallen ist, dann werden dadurch weitere Lernwiderstände aufgebaut, die den Lernerfolg ad absurdum führen müssen.

Diesen Teufelskreis gilt es zu durchbrechen. Alle vier Voraussetzungen für den Lernerfolg sind, so weit es geht, zu optimieren. Ein besonderes Augenmerk ist dabei auf die selbsterfüllende Prophezeiung zu lenken. Henry Ford (1863 – 1947) wird die Erkenntnis zugeschrieben, dass Energie den Gedanken folgt.

Ausweg aus dem Dilemma

> »Es gibt Menschen, die glauben, alles zu können, und Menschen, die glauben, nichts zu können. Beide haben Recht, denn Energie folgt den Gedanken.«
> Henry Ford (1863 – 1947)

Deshalb sollten die Gedanken, denen die eigene Energie folgt, auf ein positives Ziel gerichtet sein, sollten Vertrauen in die eigenen Fähigkeiten beinhalten, Zuversicht ausströmen, die Lerninhalte aufnehmen, verarbeiten und behalten zu können. Die positive Ausrichtung einer selbst erfüllenden Prophezeiung ist eine wichtige Voraussetzung, die eigene Lernenergie optimal einzusetzen und positiv auszunutzen. Nihilistische Vorhersagen wie »Das habe ich noch nie gekonnt« oder »Das kann ich mir einfach nicht merken« oder »Ich lerne halt nur schwer« gefährden den Lernerfolg unnötig. Natürlich ist nicht jeder Mensch ein Lerngenie, dem der Erfolg in den Schoß fällt und der scheinbar völlig mühelos alles Gehörte und Gelesene behält. Mit der richtigen Lerntechnik hingegen kann jeder von Punkt A nach Punkt B kommen, das eigene Lernen optimieren und nach einer gewissen Lernperiode mehr wissen als vorher. Das Zutrauen in die eigenen Fähigkeiten ist deshalb von besonderer Bedeutung.

Eltern sollten deshalb verbesserungswürdige Leistungen ihrer Kinder nie mit dem Argument kommentieren: »Auch dein Vater oder deine Mutter war in der Schule keine Leuchte in Mathematik oder Deutsch.« So können Lernleistungen mit Sicherheit nicht verbessert werden. Im Gegenteil – sie werden wirksam verhindert.

Die Einstellung »Das behalte ich bestimmt nicht« oder schlimmer »Das behalte ich bestimmt wieder nicht« sollte ausgetauscht werden durch »In dieser Situation, bei dieser Aufgabe gebe ich das Beste, was ich zu geben vermag«.

Merke: Richte die Gedanken auf ein positives Ziel aus!

Fazit Erfolgreiches Lernen ruht auf den vier Säulen Interesse, Konzentration, Lernbedingungen und richtige Einstellung. Alle vier Parameter beeinflussen die Lernenergie, die entweder zu Lernlust oder zu Lernfrust führt.

Wichtigste Voraussetzung, Lerninhalte aufnehmen zu können, ist das Vertrauen in die eigenen Fähigkeiten. Hier gilt es, vor Lernbeginn die Gedanken kraftvoll auf ein positives Ziel zu fokussieren und konkrete Erinnerungswünsche zu entwickeln: »Ich kann und ich werde den Sachverhalt behalten.«

2.5 Die beiden Gehirnhälften – Das Hemisphärenmodell

Die Unterschiede der Gehirnhälften

Der amerikanische Neurobiologe Roger Sperry (1913 – 1994) erhielt 1981 für seine bahnbrechenden Forschungen über die Großhirnrinde den Nobelpreis für Medizin.

Sperry erforschte die unterschiedlichen Funktionen der Großhirnrinde. Dabei kam er zu dem Schluss, dass beide Gehirnhälften, durch das so genannte Corpus callosum verbunden, grundsätzlich über alle Fähigkeiten auf allen Gebieten verfügen. Dennoch dominiert jede der beiden Hälften bei bestimmten Tätigkeiten. So liegt das aktive Sprachzentrum, das Worte bildet, bei ca. 95 % der Menschen in der linken Gehirnhälfte, das passive Sprachzentrum jedoch, das Worte aufnimmt und versteht, in der rechten (13, 21).

Obwohl beide Gehirnhälften grundsätzlich das Gleiche können, lassen Kenntnisse über die unterschiedliche Dominanz bei unterschiedlichen Tätigkeiten Rückschlüsse auf einen besseren Einsatz des Gehirns beim Lernen zu (2).

Die Dominanz der Gehirnhälften ist in Abb. 9 dargestellt.

Die linke Gehirnhälfte – der Buchhalter

Die linke Gehirnhälfte setzen die meisten Menschen bevorzugt bei intellektuellen Leistungen ein. Sie ist für alles verantwortlich, was man landläufig unter Denken versteht. Sie denkt vor allem logisch, analytisch und arbeitet Inhalte nacheinander ab. Hier wird die Wortsprache generiert, hier wird in Begriffen gedacht, hier werden Regeln aufgestellt und beachtet, hier wird ein geordneter Katalog von Inhalten erstellt.

Die Arbeitsweise gleicht der Arbeit eines verantwortungsbewussten, konventionell arbeitenden Buchhalters, der pünktlich zum Dienst erscheint, der Ordnung auf seinem Schreibtisch hat, der mit gespitztem Bleistift

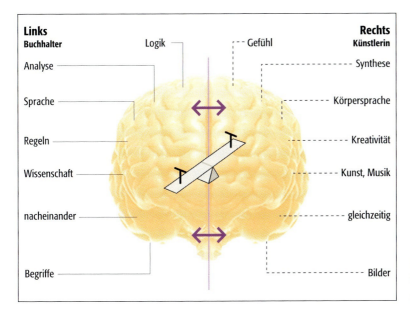

Links
Buchhalter   Logik   Gefühl   **Rechts**
Künstlerin

Analyse   Synthese

Sprache   Körpersprache

Regeln   Kreativität

Wissenschaft   Kunst, Musik

nacheinander   gleichzeitig

Begriffe   Bilder

Abb. 9:
Die Dominanz der
Gehirnhälften

Zahlenkolonnen addiert, subtrahiert und sorgfältig in vorbereitete Listen einträgt. Überraschungen während der Arbeit liebt er nicht. Alles muss nach einem fest gefügten Muster ablaufen. Uneingeplante Ereignisse und Ergebnisse stören den gewohnten Arbeitsablauf und sind nach Möglichkeit zu vermeiden.

Ganz anders strukturiert ist die rechte Gehirnhälfte. Sie ist der Hauptsitz der Gefühle, der Kreativität, der Körpersprache. Hier werden Sinneseindrücke bearbeitet, hier blitzen Ideen auf, werden Bilder gemalt und ungewöhnliche Gedanken miteinander verbunden. Die rechte Gehirnhälfte arbeitet ganzheitlich, intuitiv. Sie benutzt Farben, Bewegung, Klänge und ist Sitz der Fantasie. Die Arbeitsweise ähnelt der einer Künstlerin, die die Möglichkeiten ihrer Baukästen zu immer neuen Kreationen kombiniert. Gern schickt sie ihre Gedanken immer wieder auf die Reise, erforscht Neues, Unbekanntes und kommt an vorher nicht bestimmbaren Zielen an.

Die rechte Gehirnhälfte – die Künstlerin

Im Gegensatz zur linken Gehirnhälfte, die vorwiegend verwaltet, gestaltet die rechte Hälfte.

Die Funktion des menschlichen Gehirns ist stark geprägt durch Kultur und Erziehung. Wie bereits ausgeführt, ist Lernen bis zum Schulalter ausgesprochen lustbetont. Das ist nicht zuletzt auf den manchmal unbegrenzten Einsatz der Fantasie bei der Aufnahme von Lerninhalten im Kindesalter zurückzuführen. Ganz intuitiv scheint das Kleinkind die rechte Gehirnhälfte zu bevorzugen.

Der falsche Einsatz der beiden Gehirnhälften

Spätestens jedoch nach den ersten Schuljahren wird das Kind in den meisten Schulen dazu angeleitet, bevorzugt die linke Gehirnhälfte beim Lernen einzusetzen. Das so genannte »Büffeln« von Gedächtnisinhalten wird häufig als Königsweg angesehen, schulische Leistungen zu vollbringen, die sich dann auch in belohnenden Zeugnisnoten niederschlagen. Unglücklicherweise interessiert sich der Mensch jedoch selten für Dinge, die er nur durch mühsames Büffeln/Wiederholen behalten kann. Der Hirnforscher Manfred Spitzer konkretisiert diese Tatsache anschaulich in dem Satz: »Büffeln ist etwas für Ochsen«(8). Nach und nach vergisst der Mensch, seine rechte Gehirnhälfte beim Lernen einzusetzen.

So hat sich bei den meisten Menschen eine starke Dominanz des begrifflichen Denkens entwickelt. Als Folge davon wird die linke Gehirnhälfte überlastet, während die rechte Hälfte nicht ausgelastet ist. Bildlich gesprochen leidet der Buchhalter an Überforderung, während die Künstlerin bei weitem unterfordert ist.

Es überrascht nicht, dass das aus dem Gleichgewicht geratene Gehirn seine Aufgaben nicht immer optimal lösen kann. Die linke, überbelastete Gehirnhälfte wird gezwungen, zusätzliche Aufgaben zu übernehmen, die eigentlich die rechte besser lösen könnte. Das begriffliche, linkshirnige Denken dominiert die Gehirnaktivitäten so stark, dass nach einiger Zeit die linke Hälfte wesentlich besser durchblutet und trainiert ist als die rechte. Diese verkümmert dann durch Nichtbeanspruchung im Laufe der (Schul-) Zeit. Als Folge denkt der Mensch oft mit der »falschen« Hälfte, da er die rechte zu Unrecht »links liegen« lässt.

Der optimierte Einsatz der beiden Gehirnhälften

Im Alltag merkt man oft wenig von diesen Vorgängen. Der Mensch hat sich daran gewöhnt, die rechte Gehirnhälfte weniger zu benutzen und bevorzugt linksseitiges Denken. Er hat sich mit seinem angeblich schlechten Gedächtnis abgefunden und weiß, dass Lernen anstrengend ist und keinen Spaß macht.

Viele verborgene Gedächtnispotenziale lassen sich jedoch erschließen, wenn es gelingt, das Aufgabenlösen mit der rechten Gedächtnishälfte zu reaktivieren und zu trainieren (2). Das wird zunächst schwerfallen, da sich die eingefahrenen Denkbahnen und Gewohnheiten tief ins Gedächtnis eingegraben haben und sich die linke Gehirnhälfte in Folge der stärkeren Beanspruchung häufig in den Vordergrund drängen wird.

Mit Training jedoch lassen sich die verschütteten Gedächtnisquellen der rechten Hälfte leicht zum Sprudeln bringen. Im zweiten Teil des Buches werden die dazu benötigten Techniken ausführlich behandelt.

Wenn beide Gehirnhälften gezielt kombiniert, wenn die Lern- und Gedächtnisarbeit an den Buchhalter und an die Künstlerin richtig delegiert werden, lassen sich neue Dimensionen des Lernens in jedem Lebensalter erschließen. Das führt unweigerlich zu dem Schluss, dass Lernen Freude bereitet und den gewünschten Erfolg beschert. Auf diese Erfahrung haben viele Menschen oft lange verzichten müssen.

Da das Denken mit der linken Gehirnhälfte meistens nicht geübt werden muss, soll das Augenmerk nun auf das Trainieren der rechten Gehirnhälfte gelegt werden.

Die Domäne des rechtsseitigen Denkens ist das Denken in Bildern. Ein Sprichwort sagt: »Ein Bild sagt mehr als tausend Worte.« Wenn wir zu verstehen geben wollen, dass wir etwas verstanden haben, dann sagen wir: »Davon kann ich mir jetzt ein Bild machen« oder »Jetzt bin ich im Bilde«. Ein kluger Mensch wird als »gebildet« bezeichnet. Er ist ein Mensch, der viele Bilder besitzt. Nicht zuletzt sollen Aus-, Fort- und Weiterbildung auch in der Pharmazie neue Bilder vermitteln. Bereits die Mnemotechniken der Antike haben den Bildern eine hohe Gedächtniskraft zugesprochen (6).

Das Denken mit der rechten Gehirnhälfte

Beim Bildermalen kommt es darauf an, möglichst viele Sinne zu benutzen. So gibt es nicht nur Farbbilder, sondern auch Klang-, Fühl-, Riech- oder Schmeckbilder.

Häufig wird ein Sinneskanal bevorzugt. Bei den weitaus meisten Menschen ist dies der visuelle Sinn. Um festzustellen, welcher Sinneskanal bevorzugt wird, hilft die Erinnerung an den ersten Schultag. Die Meisten werden vor ihrem geistigen Auge das Klassenzimmer, die Mitschüler, die Lehrer, die Schultüte, den Tornister sehen. Andere hören den Lärm, das Durcheinanderreden der Anwesenden, das Klangbild der Ansprache des Lehrers, die Melodie eines Liedes. Andere fühlen die große Schultüte im Arm, das Drücken der neuen Schuhe an diesem Tag oder sie schmecken noch einmal die Köstlichkeiten der Schultüte.

Diese Vorstellungen helfen, den eigenen, bevorzugten Sinneskanal zu entdecken. Daraus leitet sich der Lerntyp ab: visuell, akustisch oder haptisch.

Je mehr Sinneskanäle bei der Bilderstellung benutzt werden, umso intensiver wird das Bild wahrgenommen. Man sollte lernen, mit den Sinnen zu experimentieren und zusätzlich zu dem gewohnten Kanal auch andere Sinneskanäle bei der Wahrnehmung intensiv zu benutzen.

Auch hilft es, beim Malen sowohl Bewegung mit ins Spiel zu bringen als auch bei der Größe der Bildgegenstände zu über- oder zu untertreiben, ähnlich wie in einer Karikatur.

Alles führt dazu, möglichst merkwürdige Bilder zu kreieren. Ein Bild, das »merk-würdig« ist, ist würdig, dass man es sich merkt. Gewöhnliche Bilder bleiben weniger gut haften. Sie sind zu logisch, als dass es sich lohnen würde, sie abzuspeichern. Dieses als »Restorff-Effekt« bezeichnete Phänomen ist gut untersucht (21). Ungewöhnliche Bilder hingegen sind interessante Abrufreize, die das Gehirn beflügeln, neu gelernte Sachverhalte wieder ins Bewusstsein zurückzuholen.

Beispiel:
Abspeichern mit
beiden Gehirnhälften

Bitte lernen Sie folgende zwanzig Begriffe wie eine Vokabelliste auswendig. Wenn Sie die Begriffe der einen Seite abdecken, sollen Sie den entsprechenden Begriff der anderen Seite nennen können und umgekehrt. Zum Einprägen/Lernen bekommen Sie eine Minute Zeit, die Sie mit einer Stoppuhr abmessen.

Trompete – Apfel
Kirchturm – Laubblatt
Bratpfanne – Zahnbürste
Schraubenzieher – Löwe
Kaffeemaschine – Wolken
Strohhut – Teelicht
Sonnenblume – Hose
Glühbirne – Armbanduhr
Paprika – Führerschein
Schuster – Windbeutel

Bevor Sie weiterlesen, notieren Sie bitte die fehlenden Begriffe

Bratpfanne –
Trompete –
Kirchturm –
Schraubenzieher –
Strohhut –
Sonnenblume –
Kaffeemaschine –
Glühbirne –
Paprika –
Schuster –

Laubblatt –
Zahnbürste –
Wolken –
Apfel –
Teelicht –
Hose –
Löwe –
Armbanduhr –
Führerschein –
Windbeutel –

Wenn es Ihnen schwergefallen ist, sich die entsprechenden Begriffe zu merken, wenn Sie nicht alle Begriffspaare korrekt wiedergeben konnten, wenn Ihnen das Abspeichern eher Stress und auf keinen Fall Freude bereitet hat – dann ist das völlig normal. Ursache dieses eher frustrierenden Erlebnisses ist, dass Sie wahrscheinlich versucht haben, sich die Wortpaare durch mehr oder minder lautes Murmeln einzuprägen. Damit war die linke

Gehirnhälfte, der Buchhalter, nicht nur gut beschäftigt, sondern sogar überfordert. Während dieser Lernarbeit war die rechte Gehirnhälfte, die Künstlerin, so gut wie nicht an der Aufgabenbewältigung beteiligt. Sie hat sich vielmehr gelangweilt, weil es nichts zu tun gab.

Bei der Übersetzung der Begriffe in Bilder sind zwei Grundprinzipien zu verfolgen. In dem Bild dürfen außer den verwendeten Begriffen keine weiteren ablenkenden oder verfremdenden Details vorhanden sein. Die beiden Begriffe müssen sich berühren, sich intensiv durchdringen, sie dürfen im Bild nicht nur nebeneinander angeordnet werden. Je unlogischer, je merkwürdiger, je absurder diese Berührung ist, umso besser.

Übersetzung der Begriffspaare in Bilder

Meistens ist die erste lächerliche, komische, unlogische Gedankenverbindung die beste (29). Um die Gedankenverbindung fest im Gedächtnis zu verankern, muss man sie sich intensiv vorstellen. Nur daran zu denken, reicht nicht aus.

Das Wortpaar **Trompete – Apfel** prägt sich ein, wenn man sich vorstellt, mit den eigenen Lippen in eine Trompete blasen zu wollen. Dies gelingt jedoch nicht, weil ein winziger Miniapfel in der Mundöffnung steckt. Als Alternative bietet sich der Apfel als Schalldämpfer an, der den Schalltrichter verstopft. Immer wenn er entfernt wird, hört man einen lauten Ton, der abebbt, wenn der Schalltrichter wieder mit dem Apfel verschlossen wird.

Die Verbindung von **Kirchturm – Laubblatt** gelingt mit der Vorstellung, dass das Dach des Kirchturms mit überdimensionalen Eichen- oder Buchenblättern bedeckt ist. An dem Kirchturm könnten auch große Laubblätter statt Fahnen an hohen Feiertagen wehen.

Bratpfanne und **Zahnbürste** gehören für immer zusammen, wenn man den Griff der Bratpfanne in der Hand spürt und feststellt, dass es kein normaler Bratpfannengriff, sondern eine Zahnbürste ist. Oder man könnte in einer Art Sisyphos-Arbeit eine stark beanspruchte Bratpfanne mit einer winzig kleinen Zahnbürste schrubben und reinigen.

Den **Schraubenzieher** verbindet mit dem **Löwen** Folgendes: Der Löwe schüttelt seine gewaltige Mähne. Dabei fällt ein klackerndes Geräusch auf. Bei genauem Hinsehen erkennt man, dass die Löwenmähne nicht aus Löwenhaaren, sondern eigenartigerweise aus Schraubenziehern besteht.

Bei der **Kaffeemaschine** kommt sofort der zweite Begriff **Wolken**, wenn man vor seinem geistigen Auge sieht, wie aus der hauseigenen Kaffeemaschine der Dampf in wohlgestalteten, vorher nie gesehenen schneeweißen Himmelswolken abzieht. Oder es schwebt gerade am Himmel eine weiße Schäfchenwolke vorbei, auf der eigenartigerweise die Kaffeemaschine überdimensional thront und gleichzeitig ein betörender Kaffeeduft den Weg vom Himmel in die eigene Nase findet.

Der **Strohhut** trägt als besondere Dekoration viele brennende **Teelichter** auf der Krempe.

Die **Sonnenblume** steckt in einer **Hose** und ragt zum Hosenbein heraus, was lustig aussieht.

Glühbirnen leuchten und blinken neben den Ziffern der persönlichen **Armbanduhr**, und man ist verwundert, diese neue Dekoration zum ersten Mal zu sehen.

Als ich meinen **Führerschein** aufschlage, prangt dort an der Stelle meines Fotos eine rote **Paprika**. Ich fühle, dass sie plastisch ist, knabbere sie sofort an und verspüre den Geschmack frischer Paprika auf der Zunge.

Wenn der **Schuster Windbeutel** essen würde, wäre das Bild zu logisch. In Gedanken könnte der Schuster versuchen, die Windbeutel zu besohlen, was aufgrund der Konsistenz sehr schwierig sein dürfte.

Überprüfung der Wortpaare

Es ist nun leicht zu überprüfen, wie sicher diese Bilder haften bleiben. Meist genügt ein einmaliger Durchgang, ein einmaliges Einprägen, um die Wortpaare richtig zu ergänzen. Es ist verblüffend, wie lange sie dann haften bleiben. Man muss sich regelrecht anstrengen, sie wieder zu vergessen, da es Freude bereitet, sie immer wieder zu wiederholen. Erst wenn sie längere Zeit nicht wiederholt wurden, verblasst die Erinnerungsspur.

So einfach diese Übung auch anmuten mag. Sie ist ein hervorragendes Mittel, den Gebrauch der rechten Gehirnhälfte täglich zu üben. Das regelmäßige Training hilft nicht nur, Bilder zu finden, sondern erhöht auch die Geschwindigkeit, wie Bilder erschaffen und abgerufen werden können. Es ist eine sehr geeignete Vorübung für das Erlernen weiterer Mnemotechniken. Das Erzeugen von Bildern wird im Verlauf des Buchs immer wieder geübt werden.

Kritik am Hemisphärenmodell

Nicht wenige Wissenschaftler kritisieren das Modell. Sie halten die klare Zuweisung von Fähigkeiten und Fertigkeiten zu einer bestimmten Gehirnhälfte für nicht haltbar. Sie gehen vielmehr davon aus, dass die Abspeicherung nicht hemisphärenspezifisch, sondern global im Gehirn erfolgt (13). Die Gehirnforschung hat längst erkannt, dass die Lokalisation der Eingangskanäle nicht bedeutet, dass das Wahrgenommene nur dort gespeichert wird. Das Gehirn ist kein Lagerraum mit festen Standorten. Vielmehr wird die Erinnerung über das gesamte Gehirn verteilt. Diese Anschauung wird eindrucksvoll durch eine Publikation im Lancet 2002 unterstützt, die über ein siebenjähriges Mädchen berichtet. Im Alter von drei Jahren wurde dem Kind wegen unbeherrschbarer epileptischer Anfälle die linke Gehirnhälfte entfernt. Im Alter von sieben Jahren zeigte das Kind einen nahezu altersgemäßen Entwicklungsstand. Das Gehirn hatte gelernt, seine fehlende Hälfte zu kompensieren (8).

Modelle sind nie Beweise. Für das Trainieren des Gedächtnisses und für die Anwendung von Mnemotechniken sind deshalb das Pro und Kontra des Hemispärenmodells nicht von Bedeutung. Vielmehr hilft das Modell, das Bild von der Künstlerin und dem Buchhalter immens, Geheimfächer im Gehirn aufzuspüren und aufzuschließen, mit deren Hilfe eine langfristige Gedächtnisspeicherung schneller, sicherer und mit mehr Freude beim Lernen gelingt.

Durch gezielte Übungen kann man die Verbindung der beiden Gehirnhälften trainieren. Eine einfache Übung ist, die Hände wie zum Beten abwechselnd so zu falten, dass einmal der rechte und einmal der linke Daumen oben liegt.

Übungen zum Verbinden der beiden Gehirnhälften

Eine weitere gute Übung ist das Jonglieren. Wer die Technik erlernen möchte, sollte nicht mit Bällen, sondern mit Tüchern beginnen, weil es einfacher ist. Zwei bis drei Tücher werden mit der einen Hand hochgeworfen und jeweils mit der anderen gefangen. Interessanterweise wird in der Cologne School of Business in einem Seminar zum erfolgreichen Lernen den Studenten empfohlen, beim Studieren schwieriger Lerninhalte zu jonglieren.

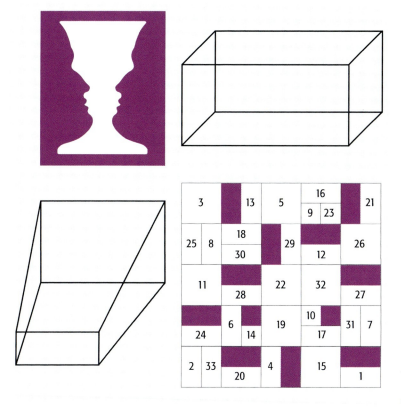

Abb. 10:
Übung zum Verbinden der Gehirnhälften

Auch kann man sich in Gedanken eine liegende Acht vorstellen. Ohne den Kopf zu bewegen, verfolgt man nur mit den Augen den Verlauf. Man beginnt in der Mitte, führt die Augen nach rechts oben, nach unten, zur Mitte zurück, nach links oben, nach unten und wieder zur Mitte zurück. Gelingt dies gut, kann man sich in einem zweiten Schritt die Acht in verschiedenen Farben vorstellen. In einem dritten Schritt werden in einem einzigen Durchgang alle Spektralfarben nacheinander visualisiert. Der Merksatz in Kap. 3.3 hilft, die richtige Reihenfolge der Farben einzuhalten.

Auch die in Abb. 10 abgebildeten Klappbilder können die Verbindung der Gehirnhälften trainieren. Den meisten Menschen gelingt es nach einer Zeit der Betrachtung, sowohl die Vase als auch die alte Frau zu sehen, einmal die eine Fläche und dann die andere Fläche als Vordergrund und als Hintergrund zu sehen. In einem weiteren Schritt wird nun geübt, die Bilder willentlich »klappen« zu lassen. Das Bild »alte Frau« muss wenigstens zehn Sekunden gehalten werden, bevor das Bild »Vase« erscheinen darf und umgekehrt. Bei den meisten Menschen klappen die Bilder ohne Übung nach 6 – 8 Sekunden von allein um.

In dem Zahlenkubus verfolgt man die richtige Reihenfolge der Zahlen mit den Augen.

Fazit Das Gehirn besteht aus zwei Hälften, die über das Corpus callosum miteinander verbunden sind. Grundsätzlich sind Fähigkeiten und Fertigkeiten nicht auf fest umrissenen Arealen fixiert. Dennoch dominiert je nach Lernstrategie eine der beiden Hälften. Während die linke schwerpunktmäßig für Logik und damit verwandte Vorgänge verantwortlich zeichnet, ist der kreative Bereich die Domäne der rechten. Aufgrund der schulischen Erziehung bevorzugen die meisten Menschen die linke Gehirnhälfte beim Lernen. Wenn es gelingt, das Kreativitätspotenzial der rechten Hälfte besser mit einzubeziehen, lassen sich Lernvorgänge erheblich optimieren und bessere Lernresultate erzielen.

2.6 Die Gedächtnisspeicherung

Gedächtnis als Funktion der Zeit Lernen geschieht, von Ausnahmen abgesehen, nicht zufällig und von allein, wie bereits ausgeführt. Dennoch unterliegen viele Menschen dem Irrglauben, dass sie zufällig Wahrgenommenes auch behalten müssten. Da verspürt mancher Ärger, dass er sich nicht daran erinnert, wer ihm dies oder jenes erzählt hat, dass er den Namen der Reisegesellschaft vergessen hat, die so wunderbare Reisen organisiert, dass der Titel eines Filmes oder

der Autor eines Buches nicht in jeder Minute erinnert wird. Mitunter kommen dann Ängste vor einer möglicherweise beginnenden Demenz, oder gar schlimmer, die Sorge vor der Alzheimer-Erkrankung wächst.

Meist sind diese Ängste unbegründet. Sie verschwinden, wenn man sich vor Augen führt, welche Voraussetzungen gegeben sein müssen, um eine Information zu erinnern.

Die Informationsverarbeitung erfolgt über drei Stufen: Wahrnehmen, Bearbeiten, Abspeichern (Abb. 11).

Der dreistufige Prozess der Informationsverarbeitung

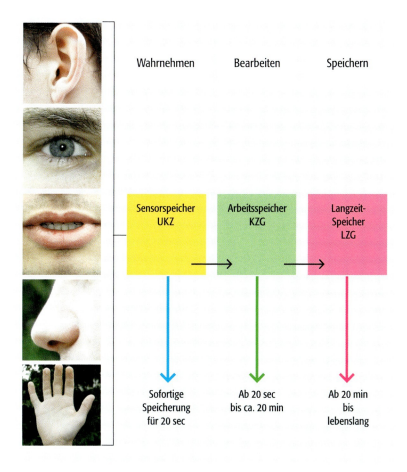

| Wahrnehmen | Bearbeiten | Speichern |

| Sensorspeicher UKZ | Arbeitsspeicher KZG | Langzeit-Speicher LZG |

| Sofortige Speicherung für 20 sec | Ab 20 sec bis ca. 20 min | Ab 20 min bis lebenslang |

Abb. 11: Informationsverarbeitung

Alle aus der Umwelt über die Sinneskanäle eingehenden Informationen werden sofort im Ultrakurzzeitgedächtnis (UKZ) gespeichert. In den allermeisten Fällen merkt das Individuum diese Speicherung nicht, da sie nur wenige Sekunden besteht. Das UKZ arbeitet wie ein Filter und entscheidet, ob die Informationen wichtig sind. So wird die Information, dass der Stuhl, auf dem der Mensch sitzt, Druck auf bestimmte Körperteile ausübt oder dass gerade ein Atemzug getan wurde, aussortiert und nicht weitergeleitet, um das Gedächtnis nicht mit unnötigen Dingen zu überfrachten.

Der menschliche Organismus – und damit auch das Gehirn – ist konstruiert, um erfolgreich Mammuts zu erlegen, Beeren zu sammeln, das Lagerfeuer in der Höhle am Brennen zu halten, um so die eigene Sippe gegen die Gefahren der Natur zu verteidigen und am Leben zu erhalten. Hätte das Gedächtnis nicht permanent verdächtige Geräusche und Bilder sofort gelöscht, wäre der urzeitliche Jäger, die urzeitliche Beerensammlerin, schon nach wenigen Minuten im Wald bei der Nahrungssuche einem Nervenzusammenbruch erlegen. Das Überleben der Höhlengemeinschaft wäre in Gefahr geraten (14).

Andere, möglicherweise für den Menschen wichtige Informationen werden jedoch nach etwa 20 Sekunden an das Kurzzeitgedächtnis (KZG) weitergeleitet. Hier werden sie vorübergehend für etwa 20 Minuten gespeichert (2). Diese 20-minütige Speicherung ist wichtig, um beispielsweise einem Gespräch, einem Film, einem Vortrag, einer Fernsehsendung folgen zu können. Diese Speicherung war für den Urzeitmenschen wichtig, damit er eine drohende Gefahr richtig einschätzen und möglicherweise den Rückzug antreten konnte.

Erst danach gelangt eine Information ins Langzeitgedächtnis (LZG), wie der Gedächtnisforscher Frederic Vester in seinem Buch »Denken, Lernen, Vergessen« schreibt (13).

Das Langzeitgedächtnis ist der eigentliche Gedächtnisspeicher, der Informationen über Jahre und mitunter sogar lebenslang archiviert.

Über eine Begrenzung ist nichts bekannt. Studien an Savants, den so genannten Inselbegabten, zeigen, dass die Struktur des Gehirns die Voraussetzungen zu weit größeren Gedächtnisleistungen mitbringt als der gewöhnliche Mensch sie zu leisten vermag. Savants können nach kurzem Durchlesen komplette Telefonbücher wiedergeben oder wie im Fall des Daniel Tammet 22.000 Stellen hinter dem Komma der Zahl Pi korrekt aufzählen (1). Berühmt geworden sind Savants durch den Film »Rain Man« von 1988, in dem Dustin Hoffman den autistischen Savant Raymond Babitt spielt. Für den Film ließ sich Regisseur Barry Morrow für die Titelfigur von Kim Peek inspirieren, einem Savant, der mittlerweile in vielen Fernsehberichten seine außergewöhnlichen Gedächtnisfähigkeiten demonstrierte.

Im Langzeitgedächtnis werden Informationen jedoch nicht nur abgespeichert, sondern auch geordnet, mit Bekanntem verknüpft und systematisch abgelegt. Bei dieser Tätigkeit muss der Eigentümer des Gehirns aktiv mithelfen, damit die Inhalte bei Bedarf wiedergefunden und ins Bewusstsein zurückgeholt werden können.

Diese Tätigkeit kann mit der Aufbewahrung des Haustürschlüssels verglichen werden. Wird er an einen festen Ort gelegt, vielleicht dort, wo sich alle Schlüssel des Haushalts befinden, ist die Chance, ihn bei Bedarf wiederzufinden, wesentlich größer, als wenn er irgendwo in der Wohnung fallen gelassen wird oder gar an Orten wie im Badezimmer oder im Kühlschrank liegen bleibt.

Der systematische, klug organisierte Umgang mit dem Langzeitgedächtnis ist wesentliche Voraussetzung für ein verlässliches Erinnern. Dic in Kap. 2.7 vorgestellte Lernbox ist eine effiziente Hilfe.

Wünscht der Mensch eine Information zu behalten, muss sie nach dem Wahrnehmen ca. 20 Minuten im Kurzzeitgedächtnis bearbeitet werden, um dann möglichst systematisch im Langzeitgedächtnis abgespeichert zu werden.

Werden jedoch die drei Module Wahrnehmen, Bearbeiten, Abspeichern nicht bewusst durchlaufen, ist nicht verwunderlich, wenn die Information bei Bedarf nicht wieder ins Bewusstsein zurückgeholt werden kann.

In diesem Fall ist es folglich nicht richtig, von »vergessen« zu sprechen. Der bessere Ausdruck ist, dass man sich die Information »nicht richtig gemerkt« hat.

Der Grund für das Nichtwiederfinden ist deshalb weder ein schlechtes Gedächtnis noch Demenz oder gar Alzheimer, sondern mangelnde Aufmerksamkeit, mangelndes Bemühen, Sorglosigkeit, Unachtsamkeit bei der Aufnahme.

Abb. 12:
Das Büromodell

Das Büromodell   Abb. 12 zeigt das Dreispeichermodul als Büromodell (15). Das Ultrakurzzeit-gedächtnis ist eine chaotische Sammlung aller eingehenden Informationen. Es ist der bis zu 20 Sekunden speichernde Sensorspeicher.

Das Kurzzeitgedächtnis ist der auf 20 Minuten eingerichtete Arbeitsspeicher (13). Hier werden die eingehenden Informationen bearbeitet, geordnet, strukturiert und kategorisiert.

Das Langzeitgedächtnis ist der lebenslange Langzeitspeicher. Hier erfolgt die ordentliche, sichere, logische Ablage im »Gehirnaktenschrank«. Je ordentlicher eine Information hier eingeordnet und abgelegt wird, desto erfolgreicher kann sie bei Bedarf wieder abgerufen werden.

Der sichere Übergang **vom Kurzzeit- ins** **Langzeitgedächtnis**   Der Schlüssel für ein sicheres Erinnern einer Information liegt in der Organisation des Übergangs vom Kurzzeitgedächtnis (KZG) ins Langzeitgedächtnis (LZG). Dieser Übergang ist der Pförtner, den die Information sicher passieren muss, um dauerhaft gespeichert und erinnert werden zu können (13). Der genaue Mechanismus der lebenslangen Abspeicherung ist trotz vieler Untersuchungen und daraus abgeleiteter Theorien unbekannt.

Es gibt jedoch Modelle, die das Verständnis erleichtern und dazu führen, das Lernen möglichst effizient zu gestalten. Dabei ist es für das Resultat unerheblich, ob die Vorgänge so oder anders im Organismus ablaufen.

Ein sehr anschauliches Modell hat die Autorin Vera Birkenbihl entwickelt (12). Die Kenntnis dieses Modells erleichtert es, eigene Lernvorgänge so zu organisieren, dass sie nicht nur Freude bereiten, sondern darüber hinaus sicheres Abspeichern und sicheres Erinnern möglichst gut gewährleisten.

Der Eingangskorb **im KZG**   Das Kurzzeitgedächtnis ist ein Büro mit einem Eingangskorb für Zettel mit Informationen. Diese Informationen sollen in den endgültigen Gedächtnis-speicher, das Langzeitgedächtnis, eingegeben werden (Abb. 13).

Von Zeit zu Zeit sichtet ein Mitarbeiter, der »Pförtner«, die eingegangenen Zettel. Mit ihnen erklimmt er eine Leiter, überquert eine Brücke und gelangt zu einem Terminal, an dem die Informationen in den Speicher eingegeben werden müssen.

Die Leiter stellt eine Analogie zu der Tatsache dar, dass von im Kurzzeit-gedächtnis vorherrschenden elektrischen Schwingungen bei der Gedächt-nisspeicherung nun auf biochemische Prozesse im Langzeitgedächtnis umgeschaltet werden muss. Die Brücke steht für eine weitere Analogie. Sie symbolisiert den Gehirnteil des Hippocampus, der für die Langzeit-speicherung eine entscheidende Rolle zu spielen scheint.

Wenn der Mitarbeiter nun merkt, dass die Information nur auf einem einzigen Zettel steht, gibt er sie nicht ein, sondern lässt den Zettel fallen. Die

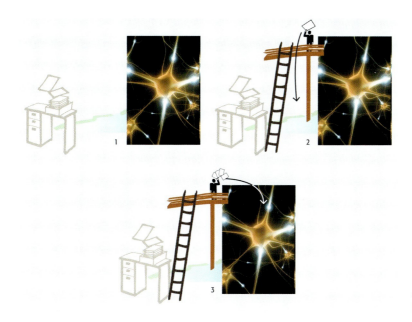

Abb. 13: Eingabe von
Informationen

Information fällt dann ins »Wasser« und gelangt nicht ins Gedächtnis. Der
Mitarbeiter denkt, dass diese Information zu unwichtig für eine Eingabe ist.
Wenn die Information nur einmal vorhanden ist, wirkt das wie ein Befehl,
sie nicht einzugeben, um das Gedächtnis vor unnötig aufzubewahrenden,
vor zu vielen Informationen zu schützen.

Im Laufe des Lebens, vor allem in der Schule, hat der Mensch gelernt, dass **Die Eingabe ins LZG**
man Informationen wiederholen muss, um sie zu behalten. Durch mehr
oder minder leises Murmeln prägt man sich ein, dass der Dreißigjährige
Krieg von 1618 – 1648 gedauert hat, dass die Zugspitze mit 2962 m der
höchste Berg Deutschlands ist, dass H_2SO_4 die chemische Formel für
Schwefelsäure ist. Diese Daten werden mehrmals wiederholt, um sie sich
einzuprägen (Abb. 14).

Wenn der Mitarbeiter von Zeit zu Zeit das Büro betritt und nach dem Eingangskorb schaut, dann hat er mehrere Zettel mit derselben Information.
Diese Tatsache wirkt wie ein Befehl des Gehirnbesitzers, mehrere Zettel
anders zu behandeln als nur einen. Der Mitarbeiter klettert die Leiter hoch,
überquert die Brücke und gibt die Information, die auf mehreren Zetteln
steht, nun über das Terminal in das Langzeitgedächtnis ein.

Das Besondere ist nun, dass die Information nicht gleich für immer sicher **Spuren im Gehirn**
im Langzeitgedächtnis gespeichert wird, sondern dass sie sich zunächst **hinterlassen**
in einer Art »Warteschleife« befindet – wie ein Flugzeug, das auf Lande-
erlaubnis wartet (Abb. 14).

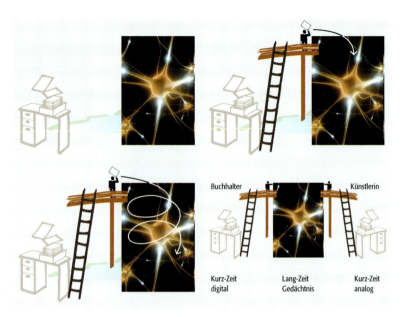

Abb. 14:
Abspeicherung der
Information

Durch stetiges Wiederholen werden die Informationen in der Warteschleife gehalten. Das ist langweilig und stößt auf Widerstand – den vorhin genannten Lernwiderstand. Nur selten interessiert sich der Mensch für etwas, das er oft wiederholen muss, um es sich zu merken. Wenn der Lernende nun aufgibt, stürzt die Information ab, sie verschwindet.

Die »Warteschleife« ist jedoch eine »Spur« im Gehirn, die man später wieder aufnehmen und mit deren Hilfe man weiterlernen kann. Jeder kennt die Erfahrung, dass er plötzlich beim Erklingen einer Melodie mitsingen kann, auch wenn er sie viele Jahre nicht mehr wiederholt hat und sich aktiv kaum an sie erinnert. Gleichzeitig wird das Umfeld erinnert, in dem das Lied gehört wurde: der Besuch einer Kirche, die Tanzstunde, die Disco im Urlaub in Griechenland. Auch Fotos vom Urlaub rufen viele verschüttete Erinnerungen wieder hervor.

Eine Information geht unweigerlich verloren, wenn sie nicht wiederholt wird. Die »Wieder-Holung« bewirkt sowohl, dass die Information auf mehreren Zetteln vorliegt, als auch, dass sie einige Zeit in der Warteschleife gehalten wird. Viele langweilige Wiederholungen führen jedoch zu Frust. Frust führt zu Lernwiderstand – die Lernenergie sinkt.

Kritik am dreistufigen Modell der Informationsverarbeitung Die Vorstellung, dass es im Gehirn drei unterschiedliche Kästchen gibt, in denen jeweils ein Gedächtnistyp ruht, hat Widerspruch hervorgerufen. Wahrscheinlich gibt es diese Kästen nicht. Manfred Spitzer schlägt vor, besser von einem Arbeitsgedächtnis und der Verarbeitungstiefe zu sprechen (8). Im Arbeitsgedächtnis werden unmittelbar wichtige Informationen für einen kurzen Moment gespeichert wie etwa eine im Telefonbuch nachgeschlagene Nummer, die gewählt werden soll. Wenn der Anschluss jedoch besetzt ist und die Nummer später erneut gewählt werden soll, muss sie meist wieder nachgeschlagen werden. Dieses erneute Nachschlagenmüssen hat etwas mit der geringen Verarbeitungstiefe des ersten Vorgangs zu tun und nicht damit, dass der Inhalt nicht von einem zu einem anderen Kasten weitergereicht worden ist. Je intensiver man sich mit dem Inhalt beschäftigt, desto eher hinterlässt er Spuren im Gedächtnis.

So ist die Verarbeitungstiefe für die feste Verankerung im Wissensnetz verantwortlich. Die Bedeutung der Verarbeitungstiefe findet sich im Bild von Vera Birkenbihl wieder. Für den Lerninhalt müssen mehrere »Zettel« vorliegen. Er muss zusätzlich beim Einspeichern eine Zeitlang in einer »Warteschleife« durch Wiederholen gehalten werden, bevor er »landet«.

Bei aller vielleicht auch berechtigten Kritik an Modellen gilt es immer wieder, sich vor Augen zu halten, dass Modelle keine Nachweise oder Beweise sind. Ein Modell soll helfen, sich ein Bild von einem Vorgang zu machen. Ein gutes Bild hilft, den eigenen Umgang mit (Lern)-Vorgängen zu optimieren, denn »ein Bild sagt mehr als tausend Worte«.

Die Bedeutung der Lust beim Lernen

Lernen ist dann besonders effektiv, wenn es gelingt, Informationen mit nur wenigen Wiederholungen im Langzeitgedächtnis abzuspeichern. Wenn diese Wiederholungen zusätzlich Lust und Freude bereiten und darüber hinaus sogar zum Schmunzeln anregen, wandelt sich Lernfrust in ausgesprochene Lernlust. Wer Freude beim Lernen hat, lernt besonders effektiv. Das Gehirn setzt aufgrund der positiven Gefühle den Neurotransmitter Dopamin frei (8). Das »Belohnungshormon« steigert die Lernenergie und fördert die Motivation, sich auf das Lernen einzulassen. Erfüllt sich die Vorhersage, dass das Lernen wirklich Spaß macht, bleibt der Dopaminspiegel erhöht und steigt sogar noch weiter an. Der Mensch engagiert sich noch ausdauernder beim Lernen. Gern wird er sich wieder an den Schreibtisch setzen, um zu lernen und um in den Genuss einer erneuten Dopaminausschüttung zu kommen.

Wenn die Aufgabe hingegen wenig Freude bereitet, sinkt der Dopaminspiegel und Unlustgefühle stellen sich ein, die die Lernenergie erheblich reduzieren. Die alte Vorhersage, dass Lernen schwerfällt und eine öde Tätigkeit ist, wird dadurch zum wiederholten Mal erfüllt.

Der Lehrende ist deshalb in hohem Maß dafür verantwortlich, während des Lernvorgangs Lust beim Lernen zu erzeugen und aufrecht zu erhalten.

Lustgewinn durch interessante Wiederholungen

Wiederholungen lassen sich dadurch interessant gestalten, dass beide Gehirnhälften sich bei der Informationsverarbeitung ergänzen und zusammenarbeiten. Wenn eine Information simultan über beide Hemisphären eingegeben wird, reichen einige wenige, meist interessante Wiederholungen aus, um die Information sicher landen zu lassen.

Dies bedeutet, dass beim Lernen nicht nur der Buchhalter in der linken Gehirnhälfte beschäftigt, sondern dass auch die Künstlerin in der rechten Gehirnhälfte beauftragt wird, ein Bild von der Information zu malen oder eine Geschichte dazu zu erfinden.

Demonstration der Fähigkeit der rechten Gehirnhälfte

Folgende Übung soll demonstrieren, dass die Abspeicherung einer Information am besten gelingt und obendrein Freude bereitet, wenn beide Gehirnhälften an der Eingabe ins Langzeitgedächtnis beteiligt sind.

Stellen Sie sich vor, folgende Zahl in der richtigen Ziffernfolge lernen zu müssen:

241220100007991010010815507

Wenn man versucht, sich diese Ziffernfolge durch endloses Wiederholen und Murmeln einzuprägen, ist nicht nur der Lernerfolg an sich in Frage gestellt, sondern es werden sich nach einer relativ kurzen Lernzeit Unlustgefühle einstellen. Selbst wenn es möglich sein sollte, die Ziffernfolge tatsächlich fehlerfrei wiederzugeben, wird der Lernerfolg nicht von langer Dauer sein. Wahrscheinlich hat man sie schon nach wenigen Stunden wieder vergessen, spätestens am nächsten Tag. Das erneute Wiederholen produziert noch größere Unlust. Dieser Misserfolg liegt darin begründet, dass man mit der Abspeicherung nur den Buchhalter in der linken Gehirnhälfte beauftragt hat.

Interessante Wiederholungen

Wird die Ziffernfolge jedoch in Blöcke aufgeteilt, kann die Künstlerin in der rechten Gehirnhälfte dazu eine Geschichte erfinden:

2412 2010 007 99 10 1001 0815 50 7

Diese könnte folgendermaßen lauten:
Am Heiligen Abend, dem 24.12. des Jahres 2010, steht ein endlich im Hafen der Ehe gelandeter, gealterter James Bond 007 am Tannenbaum, an dem nicht nur 99 Luftballons hängen, sondern auch die 10 Gebote. Er entdeckt das Geschenk seiner Frau, die Märchen aus 1001 Nacht. Dieses Geschenk ist wirklich nicht 0815, nachdem sie gerade Goldene Hochzeit, den 50. Hochzeitstag, gefeiert hatten. Er schließt sie glücklich in seine Arme und fühlt sich wie im 7. Himmel.

Zugegebenermaßen ist diese Geschichte merkwürdig. Dies bedeutet, dass sie würdig ist, gemerkt zu werden. Es reizt, sich an den Ablauf der Geschichte zu erinnern. Wenn man sie in Gedanken drei- bis viermal durchgegangen ist, erinnert man die Ziffernfolge zuverlässig. Die Wahrscheinlichkeit, sich auch noch am nächsten Tag daran zu erinnern, ist sehr hoch. Wenn man eine Geschichte zu einem eher trockenen Sachverhalt erfindet, schafft man eine interessante Möglichkeit, die Sachverhalte zu wiederholen.

Die Technik des Geschichtenerzählens wird in Kap. 3.7 weiter vertieft.

Zusätzlich wurde das Behalten dadurch erleichtert, dass die ursprünglich 26 Einzelziffern durch Blockbildung auf neun Einzelinformationen reduziert wurden. Durch die Blockbildung werden umfangreichere Informationseinheiten ins Gedächtnis geschleust, die logisch strukturiert sind und dadurch besser behalten werden können.

Die Methode wird in Kap. 3.2 beim Vorstellen des Clusterns genauer besprochen.

Stress bedeutet Druck, Belastung, Spannung (8). Er wirkt sich sowohl beim Lernen als auch beim Wiederholen sehr negativ aus. Dies liegt in den Erbanlagen begründet, die immer noch denen des Urzeitmenschen entsprechen. Bei Stress werden Stresshormone wie Adrenalin, das den Sympathikus aktiviert, und Cortison, das Glykogenolyse und Glukoneogenese fördert, ausgeschüttet, die den Körper auf schnelle Reaktionen vorbereiten. Die Gefahrenzone muss entweder schleunigst verlassen oder der Körper auf Kampf vorbereitet werden. Die Amerikaner bezeichnen diesen Vorgang als »flight or fight«.

Stress beim Lernen und Wiederholen

Das »Überlebenwollen« geschieht zum Schutz der wertvollen Gene, die zur Sicherung der Nachkommenschaft, zur Arterhaltung, noch oft weitergegeben werden sollen. Langes Überlegen liefe dem Fluchtreflex zuwider und wird zuverlässig zugunsten einer Kräftemobilisierung unterbunden. Diese Denkblockade ist die wirksame Voraussetzung für rasche, reflexartige Körperreaktionen. Akuter Stress ist deshalb eine biologisch sinnvolle Anpassung, wenn körperliche Gefahr im Verzug ist.

Was jedoch unter Stress gelernt wird, wird aufgrund der negativen Hormonlage schlecht verankert. Im Umkehrschluss werden angenehme Dinge wegen der damit verbundenen positiven Hormonlage weit sorgfältiger assoziiert und verankert.

Doch auch gut verankerte Wissensinhalte können unter Stress wiederum aufgrund der negativen Hormonlage schlecht abgerufen werden (2). Mit Hilfe von Stressfaktoren lassen sich deshalb keine Erfolge erzielen. Menschen lassen sich eher durch eine positive Stimmung, positive Hormonlage, motivieren als durch eine negative Stimmung, negative Hormonlage.

Eine feindliche Umwelt, die sich unter Stress einprägt, soll gemieden werden (13). Wer je von einem Hund gebissen wurde, wird in Zukunft spontan den Kontakt mit Hunden meiden und sich immer an die dabei empfundene Angst erinnern. Stress und Angst sind daher in allen Bereichen, in denen Lernvorgänge eine Rolle spielen, kontraproduktiv. Dies gilt auch für das Beratungsgespräch in der Apotheke.

»Angst essen Seele auf« ist der Titel eines Films von Rainer Werner Fassbinder. Lehrende und Prüfende tragen deshalb eine besondere Verantwortung, bei ihren Tätigkeiten für eine angst- und stressfreie Atmosphäre für den Lernenden, den Prüfling, zu sorgen.

Fazit Lernen geschieht nicht von allein, sondern ist ein Prozess, den es klug zu strukturieren gilt. Ein wesentliches Element ist, nach der Aufnahme für eine angemessene Verarbeitungstiefe zu sorgen. Diese wird durch die Einbeziehung möglichst vieler Sinne erreicht, wie auch durch interessante Wiederholung des gelernten Stoffs. Stress wirkt sich in allen Phasen des Lernens äußerst kontraproduktiv aus.

2.7 Das Phänomen Vergessen

Der schottische Dichter Robert Louis Stevenson (1850 – 1894) lässt in dem Roman »Kidnapped« seine Titelfigur Alan Breck sagen: »Mein Gedächtnis funktioniert hervorragend, wenn es ums Vergessen geht.« Diesem Zitat würden viele auch heute sicher zustimmen.

Definition von Vergessen Vergessen ist eine wichtige Funktion des Gedächtnisses. Länger nicht mehr benötigte Inhalte scheinen von Zeit zu Zeit aussortiert zu werden. Man versteht darunter das Misslingen des Abrufens einer Information zu einem selbst gewählten Zeitpunkt.

Frederic Vester spricht von zweierlei Arten des Vergessens (13). Es gibt das völlig unwiderrufliche Verlöschen von Informationen wie das der nachgeschlagenen Telefonnummer und das Nicht-Wiederfinden von Informationen, weil die Verankerung im Langzeitgedächtnis nicht sorgfältig genug, die Verarbeitungstiefe nicht tief genug war.

Zur besseren Unterscheidung sollte man von richtigem Vergessen erst dann sprechen, wenn Informationen, die bereits im Langzeitgedächtnis nachgewiesen werden konnten, zu einem späteren Zeitpunkt nicht mehr abrufbar sind. Informationsinhalte, die man nach erstmaliger Aufnahme nicht wiedergeben kann, hat man deshalb nicht »vergessen«, sondern hat sie sich nicht richtig »gemerkt«.

Der häufig gehörte Satz: »Ich habe leider vergessen, wie Sie heißen«, müsste häufig besser lauten: »Ich habe mir Ihren Namen leider nicht richtig gemerkt.«

Dinge, die uns gleichgültig sind, werden schneller vergessen als Dinge, die starke Emotionen hervorrufen (8). So wird der Hochzeitstag, der Tag des Examens, der Tag der Geburt der Kinder meistens gut erinnert, da er eine Welle von Emotionen ausgelöst hat.

Die Psychologie hat gezeigt, dass Inhalte, die mit negativen Gefühlen einhergehen, schneller vergessen werden als Inhalte, die positive Gefühle hervorgerufen haben. Hier scheint das Gedächtnis die Seele vor allzu viel Belastung schützen zu wollen. Nur so ist erklärlich, dass Menschen nach Krieg, Tsunami, Erdbeben und anderen Katastrophen zumindest einigermaßen weiterleben können.

Auch wenn es manchmal hilfreich wäre, man kann nicht willentlich vergessen. Die Aufforderung »Denken Sie jetzt nicht an eine lila Geige« kann nicht umgesetzt werden. Man wird unwillkürlich an eine lila Geige denken müssen.

> »Die Erinnerungen verschönen das Leben,
> aber das Vergessen macht es erträglich.«
> Honoré de Balzac, französischer Schriftsteller (1799 – 1850)

Der deutsche Psychologe Hermann Ebbinghaus (1850 – 1909) hat den Verlauf des Vergessens systematisch untersucht und in der nach ihm benannten Vergessenskurve (Abb. 15) bildlich dargestellt (8, 21). Er verwendete bei seinen Untersuchungen so genannte Nonsenssilben, wie beispielsweise

Vergessen in Abhängigkeit von der Zeit

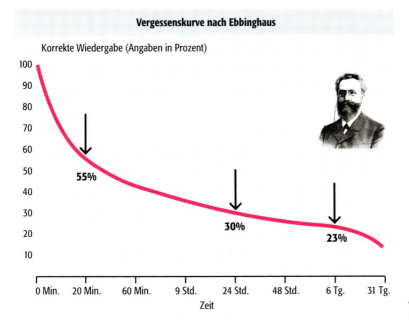

Abb. 15:
Die Vergessenskurve

VIK – WOC – LAS – PID – HIX – SYP – SIF – QOL – KRU – TAS, die sich die Probanden als neue Lerninhalte einprägen mussten.

Die Lernkurve beschreibt den Erfolgsgrad des Lernens in Abhängigkeit von der Zeit.

Aus der Kurve wird ersichtlich, dass ca. 45 % der Inhalte bereits nach 20 Minuten vergessen werden. Das ist der Zeitraum, in der eine Information im Kurzzeitgedächtnis behalten wird. Daraus ergibt sich die Erkenntnis, dass ein behaltenswerter Inhalt über diesen Zeitpunkt hinaus im Gedächtnis lebendig gehalten werden muss. Sonst wird er mit einer Wahrscheinlichkeit von ca. 60 % vergessen, und zwar nach ungefähr einer Stunde.

Nach ca. 24 Stunden sind 70 % der Lerninhalte vergessen. Danach flacht die Kurve ab, so dass zwischen dem 1. und dem 7. Tag nur noch weitere 7 % verloren gehen.

Optimale Strukturierung von Lernvorgängen Aus der Lernkurve ergibt sich, dass Wiederholungen eingeplant werden müssen. Aus der kognitiven Psychologie ist bekannt, dass die besten Lernerfolge generiert werden, wenn täglich ein bisschen gelernt und wiederholt wird (8).

Wiederholungen sind eine wirksame Arznei gegen Vergessen. Je häufiger der Lerninhalt Gegenstand einer gedanklichen Auseinandersetzung ist, desto größer kann das Lernintervall werden. Bei jedem Wiederholen, bei jeder Erinnerung werden Synapsen verstärkt. Die Erinnerung wird dabei stabiler und störungsunabhängiger. Die vielleicht stärkste Erinnerung, über die der Mensch verfügt, ist die Erinnerung an den eigenen Namen. Dieser ist so oft wiederholt worden, dass die Erinnerungsspur auch bei starker Einschränkung des Gedächtnisses lange erhalten bleibt.

Lernperioden zwischen 20 und 60 Minuten bringen das beste Ergebnis zwischen Verständnis und Erinnerung. Dabei sollte die erste Wiederholung bereits nach 20 Minuten stattfinden (Abb. 16). Eine zweite Wiederholung ist nach ca. 60 bis 90 Minuten angesagt, die dritte nach 24 Stunden (9, 16). In den folgenden drei Tagen sollte der Gedächtnisinhalt etwa drei- bis fünfmal wiederholt werden. Dann ist die Informationsfestigung abgeschlossen. Wird mit der Wiederholung zu lange gewartet, verblassen die Erinnerungsspuren. Werden diese Wiederholungen jedoch konsequent durchgeführt, können die Intervalle nun größer werden. Mit jeder Wiederholung graben sich der Inhalt und die dazugehörende Gedächtnisspur tiefer in das Gedächtnis ein. Wiederholen ist Erinnern, und Erinnern ist kein passives Wiederherstellen, sondern aktives, erneutes Wahrnehmen (6).

Eine schöne Analogie zum Verblassen der Erinnerungsspur ist ein viel begangener Waldpfad, der als Weg deutlich zu erkennen ist. Stürzt jedoch ein Baum auf den Pfad, so dass er nicht mehr begangen werden kann,

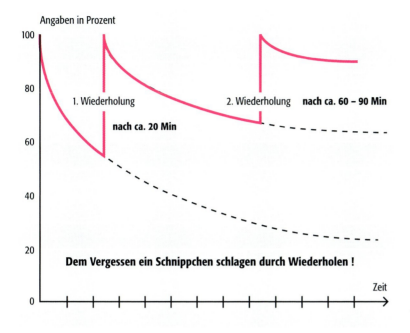

Abb. 16:
Richtiges Wiederholen

wird er bald von Pflanzen überwuchert und ist nicht mehr als Pfad zu erkennen. Ein neuer Weg muss dann gefunden werden. Daraus ergibt sich, dass falsche Zeitabstände zwischen den Wiederholungen die Lernarbeit unnötig erschweren.

Gerade bei den Wiederholungen zeigt sich die Effizienz des Einsatzes der rechten Gehirnhälfte, des bildhaften Gedächtnisspeichers. Mit seiner Hilfe gelingt es, Erinnerungen schnell und unterhaltsam abzurufen. Auch muss man zum Wiederholen der Bilder nicht am Schreibtisch sitzen. Bilder können unter der Dusche, bei einer Autofahrt, beim Warten an der Kasse im Supermarkt, beim Kochen, bei der Gartenarbeit, beim Autowaschen eingeprägt werden.

Es ist offensichtlich, dass das Lernen der Nonsenssilben in der richtigen Reihenfolge wahrscheinlich alles andere als Lernfreude erzeugt.

Intelligentes Wiederholen der Nonsenssilben

Mit einem kleinen Trick, der richtigen Mnemotechnik, lässt sich Auswendiglernen jedoch höchst vergnüglich gestalten. Außerdem lässt sich mit dieser Übung das »Bildersprudelnlassen« hervorragend üben.

Der Gedächtnistrainer Markus Hofmann hat die Silbenreihe in folgende Geschichte eingebettet (9). Die Wikinger (VIK) sitzen an einem chinesischen Kochtopf (WOC) und wollen etwas zu essen haben. Da kein Koch da ist, werfen sie ein Lasso (LAS) nach Peter (PID) und fangen ihn ein. Mit einem fürchterlichen Schluckauf (HIX) kocht er ihnen Suppe (SYP). Danach fahren sie mit ihrem Schiff (SIF) aufs Meer. Es herrscht hoher Seegang, die Wellen quollen (QOL) am Schiffsbug bedrohlich hinauf. Vor Schreck halten sie ein Kruzifix (KRU) zum Himmel und beten für besseres Wetter. Als die Wetterlage sich beruhigt, schenken sie sich etwas zu trinken in ihre Tassen (TAS) und prosten sich zu.

Wer meint, dass es zu mühsam sei, eine solche Geschichte zu erfinden, um sich die Silben zu merken, der sollte die Mühe mit der Anstrengung vergleichen, die es kostet, sich die Silben ohne Geschichte zu merken.

Folgen von Unordnung bei der Gedächtnis- speicherung Für Vergessen gibt es zwei wesentliche Ursachen. Eine häufige Ursache ist, wie bereits ausgeführt, ein Mangel an Wiederholungen, weil sie entweder keinen Spaß machen oder einfach vergessen werden. Doch es gibt eine weitere Ursache für das Nichtwiederfinden von Informationen.

Bitte bestimmen Sie in Abb. 17, welche Zahl fehlt.

Sicher ist Ihnen die Aufgabe leicht gefallen. Nun bestimmen Sie bitte in Abb. 18, welche Zahl fehlt.

Diese Aufgabe dürfte wesentlich schwerer gefallen sein. Das liegt daran, dass in der ersten Abbildung die Zahlen logisch nacheinander aufgereiht

1	2	3	4	5	6	7	8	9	10
11	12	13	14	15	16	17	18	19	20
21	22	23	24	25	26	27	28	29	30
31	32	33	34	35	36	37	38	39	40
41	42	43	44	45	46	47		49	50
51	52	53	54	55	56	57	58	59	60
61	62	63	64	65	66	67	68	69	70
71	72	73	74	75	76	77	78	79	80
81	82	83	84	85	86	87	88	89	90

Abb. 17:
Welche Zahl fehlt?

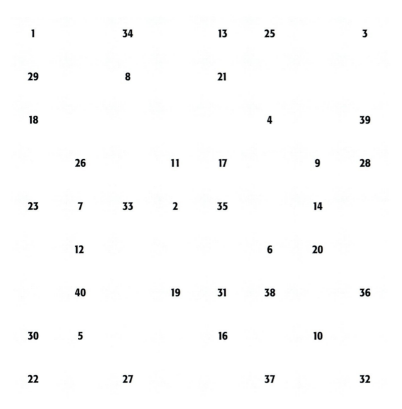

Abb. 18
Welche Zahl fehlt?

waren. In der zweiten Abbildung hingegen herrschte das reinste Chaos. Hier war es wesentlich schwerer, die fehlenden Zahlen zu entdecken.

Für das Erinnern bedeutet dies, dass sorgfältig ausgewählt werden muss, wo ein Gedächtnisinhalt abgelegt wird. Wird er nur irgendwo im Gedächtnis verankert, kann das Wiederfinden mühsam sein. Wird er jedoch möglichst sinnvoll mit bereits bekannten Inhalten verknüpft, ist das Wiederfinden leichter.

Wie bereits ausgeführt, wird ein Kamm schneller gefunden, wenn er im Badezimmer in der Nähe anderer Inhalte des so genannten Kulturbeutels aufbewahrt wird, als wenn er zufällig irgendwo im Küchenschrank abgelegt wird. Für das Lernen bedeutet dies, dass immer wieder nach Anknüpfungspunkten gesucht werden sollte, nach Ähnlichkeiten, nach Gesetzmäßigkeiten. Grundsätzlich erfolgt die Einspeicherung leichter, wenn neue Informationen mit bereits bekannten verglichen und Anknüpfungspunkte gesucht werden (2). Dies erleichtert neben der Aufnahme auch das Erinnern. In Kap. 3.1 wird die zugrunde liegende Methode, das Clustering, näher erläutert.

Das bereits vorhandene Wissen kann mit einem Netz verglichen werden. Wenn das Wissen bereits sehr detailreich ist, handelt es sich um ein engmaschiges, dichtes Netz. Neue, zusätzliche Inhalte werden hier sicher festgehalten. Ist das Netz jedoch grobmaschig, weil noch nicht viele Details bekannt sind, dann ist die Gefahr größer, dass sie leichter durchfallen und nicht festgehalten werden.

Beispiel: Ordnung beim Abspeichern von Arzneimittelwirkungen

Abb. 19 zeigt, wie man pharmazeutische Lerninhalte am Beispiel des Wirkmechanismus häufig verordneter Antibiotika ordentlich ablegt. Wenn für jedes Antibiotikum die Wirkung an der Bakterienzelle gesondert gespeichert wird, ist das nicht so effektiv wie bei einem Vorgang nach geordnetem Schema.

Das Grundgerüst bildet der schematische Aufbau einer Bakterienzelle. Diesen Aufbau muss man sich zunächst einprägen. Dann werden die Antibiotika zusammengefasst, die die Zelle an der gleichen Stelle angreifen, und den entsprechenden Zellstrukturen zugeordnet.

Penicillin, Amoxicillin und Cephalosporine hemmen die bakterielle Zellwandsynthese grampositiver Keime. Sie beeinträchtigen die Mureinpeptidase, die für die Quervernetzung der Peptidstränge verantwortlich ist. Früher wurde angenommen, dass die Bakterien durch eine osmotisch bedingte Lyse sterben. Heute wird eher von einer Aktivierung bakterieneigener autolytischer Enzyme ausgegangen.

Alle drei genannten Antibiotika können zusammengefasst werden, da sie den gleichen Wirkmechanismus besitzen.

Wirkung von Cephalosporinen, Amoxicillin, Penicillinen, Tetracyclinen, Makroliden, Gyrasehemmern, Cotrimoxazol an der Bakterienzelle

Bau einer Bakterienzelle

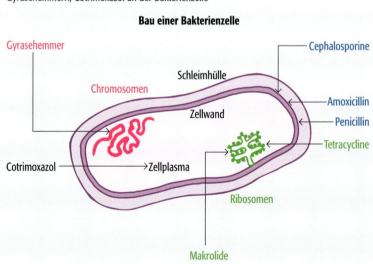

Abb. 19:
Bau einer Bakterienzelle

Die nächste Gruppe bilden die Tetracycline Doxycyclin, Minocyclin und Tetracyclin mit den Makroliden Clarithromycin, Roxithromycin, Azithromycin, Erythromycin und Telithromycin. Ihr Angriffspunkt sind die Ribosomen der Zelle. Dort verhindern sie das Anheften der transfer-RNA, so dass der Peptidstrang bei der Zellteilung nicht mehr verlängert werden kann. Die Vermehrung des Bakteriums wird gehemmt.

An den Chromosomen wirken Gyrasehemmer, wie Ciprofloxacin, Levofloxacin, Moxifloxacin, Norfloxacin und Ofloxacin. Diese Antibiotikagruppe verhindert durch Hemmung des Enzyms Gyrase die Entdrillung und Verdrillung, das Supercoiling, der DNA.

Cotrimoxazol hemmt im Zellplasma die bakterielle Folsäuresynthese und führt so zum Absterben der Bakterien.

Nach Verinnerlichen des schematischen Aufbaus einer Bakterienzelle sind Zellwand, Ribosomen, Chromosomen und Zellplasma die Ankerpunkte für die Abspeicherung des Wirkmechanismus häufig eingesetzter Antibiotika.

Eine einfache, selbst herzustellende Lernbox erleichtert das richtige Wiederholen immens.

Einfache Hilfen zum effizienten Wiederholen

Die Lernbox hilft,
- die Übersicht über wichtige Lerninhalte zu behalten und Wiederholungen optimal zu strukturieren,
- Lerninhalte sicher ins Langzeitgedächtnis zu überführen,
- sich selbst Rechenschaft darüber abzulegen, ob Inhalte bei Bedarf im Langzeitgedächtnis wiedergefunden werden,
- beim Wiederholen Lernfreude und Erfolg zu erzeugen.

Sie eignet sich zum Abspeichern von chemischen Formeln, von INN- und Handelsnamen und von Faktenwissen.

Auch lassen sich auf den Karteikarten zum Beispiel das Migräne-Mobile, Kap. 3.5, oder der Merksatz zu nüchtern einzunehmenden Antibiotika, Kap. 3.3, oder die in der Selbstmedikation zu beachtenden Kontraindikationen von Naratriptan, Kap. 3.6, festhalten und wirkungsvoll wiederholen.

Der Aufbau der Lernbox stellt sicher, dass Lerninhalte, die sich der Lernende nicht richtig merken kann, häufig und in den richtigen Abständen wiederholt werden. Es wird keine wertvolle Lern-Zeit damit vergeudet, bereits sicher Abgespeichertes zu oft zu wiederholen.

Die Lernbox arbeitet nach den lernphysiologischen Erkenntnissen von Hermann Ebbinghaus, wonach in den ersten Stunden besonders viel vergessen wird, später die Vergessenskurve jedoch abflacht. So wird zu Beginn der Stoff in kürzeren und später in längeren Zeitintervallen wiederholt.

Aufbau der Lernbox Für jedes Fachgebiet wird eine eigene Lernbox erstellt (Abb. 20). Sie besteht in der Regel aus fünf Fächern, deren Größe von Fach 1 zu Fach 5 zunimmt. Die zu lernenden Inhalte werden auf Karteikarten geschrieben, gelernt und in Fach 1 einsortiert. Der Inhalt von Fach 1 wird nun in regelmäßigen Abständen am selben Tag wiederholt. Richtig beantwortete Karten gelangen in Fach 2, nicht richtig beantwortete Karten verbleiben so lange in Fach 1, bis sie richtig beantwortet werden können. Am Ende des ersten Tages sollten sich alle Karteikarten im Fach 2 befinden. Für Karteikarten, die abends immer noch in Fach 1 liegen, muss am Ende des Tages überlegt werden, wie sich die Inhalte anders, besser merken und abspeichern lassen. Hier könnte die eine oder andere Mnemotechnik das Abspeichern erleichtern.

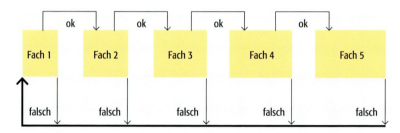

Abb. 20:
Aufbau der Lernbox

Am nächsten Morgen werden alle Karteikarten aus Fach 2 wiederholt. Kärtchen, deren Inhalt keine Schwierigkeiten bereitet hat, gelangen in Fach 3, Kärtchen, deren Inhalt nicht gewusst wurde, gelangen zurück in Fach 1. Die Überprüfung am nächsten Morgen ist sehr wichtig, da über Nacht, während des REM-Schlafes, das Langzeitgedächtnis konsolidiert wird.

Da sich nun die meisten Kärtchen in Fach 3 befinden sollten, kann die neue Einspeicherung von Lerninhalten in Fach 1 beginnen, die dann wie am Tag zuvor wiederholt werden. Fach 3 wird nur einmal am Tag wiederholt. Richtig beantwortete Karten gelangen in Fach 4, Karten, deren Antwort nicht gewusst wurde, gelangen automatisch in Fach 1. Sind die Karten in Fach 5 angelangt, kann man davon ausgehen, dass deren Inhalte Eingang ins Langzeitgedächtnis gefunden haben. Ihre Inhalte werden jetzt nur noch einmal pro Woche, bei sicherem Wissen noch seltener überprüft. Sie werden aus der Lernbox aussortiert, um neuen Karten Platz zu machen.

Das Einprägen der Karteninhalte gelingt besser, wenn man sie laut nachspricht. Je mehr »Eindruck« der Inhalt bei der Abspeicherung macht, desto leichter geht er ins Langzeitgedächtnis ein. Zusätzlich sollten anfangs die Inhalte aufgeschrieben werden. Je mehr Sinne bei der Wiederholung eingesetzt werden, desto besser bleiben sie haften.

Auch eignen sich die Lernkarten hervorragend zum Abfragen des Stoffs durch eine zweite Person, die nicht unbedingt fachkundig sein muss, da die richtige Antwort auf der Rückseite steht. Durch dieses Abfragen lässt sich eine mündliche Prüfungssituation gut simulieren. Der Prüfling lernt, auf gestellte Fragen laut Antwort zu geben. Durch das Aussprechen prägen sich die Inhalte zusätzlich besser ein (24).

Da das Abfragen durch eine andere Person automatisch ein wenig Stress produziert, lässt sich so auch der Umgang mit dem unweigerlich auftretenden Stress in einer Prüfung simulieren und üben.

Schlafentzug nach dem Lernen beeinträchtigt das sichere Abspeichern von Lerninhalten. Anscheinend spielen sich nach dem Lernen noch weitere Verarbeitungsschritte ab, die die Lernleistung verbessern. An diesen Verarbeitungsschritten ist vor allem der Hippocampus beteiligt, der im Schlaf als »Lehrer der Großhirnrinde« fungiert. Immer, wenn der Hippocampus mit neuen Lerninhalten konfrontiert worden ist, überträgt er diese quasi off-line nachts zur Großhirnrinde (8).

Der Einfluss von Schlaf und Alkohol auf die Gedächtniskonsolidierung

In den letzten Jahren wurde intensiv erforscht, welche Bedeutung der Schlaf für das Gedächtnis besitzt (2). Der in der ersten Nachthälfte vorherrschende Tiefschlaf dient vor allem der Konsolidierung biographischer Gedächtnisinhalte. Während des späteren REM-Schlafs kommt es zu einer vertieften Einspeicherung neuer Gedächtnisinhalte, von neu Gelerntem. Übrigens: Auch die Inhalte vor dem Schlafengehen angeschauter Fernsehsendungen und Videos werden in der Nacht vertieft eingespeichert. In Zeiten von Prüfungsvorbereitungen ist deshalb Obacht darauf zu geben, welcher Beschäftigung vor dem Schlafengehen nachgegangen wird.

Alle Maßnahmen, die das natürliche Schlafmuster verändern, stören das Lernen (8). Wer Fakten zu lernen hat, muss auf seinen Schlaf achten. Jeder Lernende sollte durch eine vernünftige Gestaltung des Tag-Nacht-Rhythmus dafür sorgen, dass die natürlichen, angeborenen Lernvorgänge nicht beeinträchtigt werden. Ein »Durchlernen« vor der Prüfung ist deshalb ebenso kontraproduktiv wie die Einnahme von Arzneimitteln, die die Schlafarchitektur verändern.

Gedächtnissportler berichten außerdem, dass Alkohol alle kürzlich verknüpften Verbindungen im Gedächtnis kappt. Der Lernenden muss deshalb verantwortungsvoll mit seinem Quantum an Schlaf, mit Einnahme von Hypnotika und Konsum von Alkohol umgehen.

Fazit Es ist ein natürlicher Vorgang, dass von Zeit zu Zeit länger nicht benötigte Inhalte aussortiert werden. Das Phänomen des Vergessens ist gegen ein »Nicht-richtig-gemerkt-haben« abzugrenzen. Je häufiger ein Stoff Gegenstand gedanklicher Auseinandersetzung ist, desto besser bleibt er haften.

Wesentliche Maßnahmen, die einem Vergessen vorbeugen, sind Ordnung beim Abspeichern und regelmäßige Wiederholungen. Eine Lernbox hilft, die Tätigkeit optimal zu organisieren.

Der Einfluss von Schlaf, Hypnotika und Alkohol auf das Vergessen ist nicht zu unterschätzen.

3. Gedächtnistraining und Mnemotechniken

3.1 Grundlagen des Gedächtnistrainings

Markowitsch beschreibt die Grundlagen des Gedächtnistrainings mit dem Akronym MEMO (2).

Gedächtnistraining mit MEMO

M = Multiple representations
E = Everyday situations
M = Minimize errors
O = One at a time

- »Multiple representations« bedeutet, dass Lernen Wiederholungen braucht.
- »Everyday situations« bedeutet das Training in alltagsnahen Situationen.
- »Minimize errors« bedeutet die Ausschaltung von störenden Reizen beim Lernen, die optimale Gestaltung der Lernumgebung.
- »One at a time« bedeutet, dass Überforderung beim Training vermieden werden muss, dass manchmal »weniger mehr ist« und sich gerade der Ungeübte am Anfang nicht überfordern darf.

Man kann nicht alle Mnemotechniken gleichzeitig lernen und sollte deshalb die kommenden Ausführungen »dosiert« lesen. Erst wenn man ein Beispiel wirklich verinnerlicht hat, ist man bereit, sich einem weiteren zuzuwenden.

Wichtig ist es darüber hinaus, das Gehirn in regelmäßigen Abständen durch körperliche Bewegung zu aktivieren. Körperliche Bewegung wirkt sich in jedem Lebensalter positiv auf das Gedächtnis aus. Die körperliche Motorik trägt entscheidend dazu bei, das Gehirn während Lernphasen »durchzupusten«. Mit allen Mnemotechniken lassen sich Lerninhalte hervorragend bei einem flotten Spaziergang, beim Fahrradfahren, beim Schwimmen memorieren.

Gelingt es, Gedächtnistraining als Wunsch statt Muss zu begreifen, erweitert man spielerisch seine Gedankenwelt. Man schult seine Fähigkeit, mit wachen Sinnen durch die Welt zu gehen, man nimmt mehr und intensiver wahr, man verspürt mehr Lebensfreude.

> »Wer das Ziel kennt, kann entscheiden,
>
> wer entscheidet, findet Ruhe,
>
> wer Ruhe findet, ist sicher,
>
> wer sicher ist, kann überlegen,
>
> wer überlegt, kann verbessern.«
>
> Konfuzius, chinesischer Philosoph (551 – 479 v. Chr.)

3.2 Die Eselsbrücke

Das Bild von der Eselsbrücke

Der Begriff der Eselsbrücke, lateinisch Pons asinorum, wurde bereits im Mittelalter benutzt. In Meyers Konversationslexikon von 1906 steht: »Die Eselsbrücke ist ein literarisches Hilfsmittel für Träge und Unbegabte, die dem Schüler Mühe und Arbeit ersparen, statt ihn zur Arbeit zu erziehen.«

Der Einsatz der Eselsbrücke

Die Eselsbrücke ist eine alte Mnemotechnik zum Einprägen von Fakten. Sie benutzt die assoziative Arbeitsweise des Gedächtnisses, indem ein Sachverhalt/Fakt unkonventionell und überraschend, meist auch humorvoll dargestellt und mit einem weiteren Sachverhalt verknüpft wird. Ältere Zeitgenossen memorieren sicher die Eselsbrücke »333 – Issos Keilerei« oder »753 – Rom kroch aus dem Ei« aus dem Geschichtsunterricht.

Im ersten Fall wird an den Sieg Alexanders des Großen im Jahr 333 v. Chr. über den Perserkönig Darius erinnert, im zweiten Fall an die Gründung der Stadt Rom im Jahr 753 v. Chr.

Eselsbrücken wurden von einer Schülergeneration zur nächsten weitergegeben. Meist waren sie bei Lehrern verpönt, vielleicht aus dem Grund, weil das Lernen dadurch vereinfacht wurde. Dabei sind Eselsbrücken weit mehr als einfache Tricks zur Gedächtnisbildung.

Ganz sicher ersetzt die Eselsbrücke stures, langweiliges Pauken, was meist, wie bereits ausgeführt, zu Lernwiderständen und Lernfrust führt. Das Wiederholen einer Eselsbrücke weckt positive Gefühle, der trockenen Materie beim Einprägen ein Schnippchen geschlagen zu haben. Nur einige wenige Wiederholungen sind nötig, um eine Gedächtnisspur im Langzeitgedächtnis zu hinterlassen.

Es gilt jedoch zu bedenken, dass auch Eselsbrücken regelmäßig zu wiederholen sind, da man sonst zwar die Eselsbrücke »333 – Issos Keilerei« kennt, aber den damit verbundenen Sachverhalt, den Sieg Alexander des Großen, vergessen hat.

Das Fatale an der Eselsbrücke ist, dass das Bild »Brücke« sehr stimmig ist. Das Bild von dem »Esel« hingegen, das meist als Synonym für einen dummen Menschen gebraucht wird, trifft jedoch überhaupt nicht zu. Vermeintlich wird daraus der Schluss gezogen, dass Eselsbrücken nur etwas für augenscheinlich »Dumme« sind, die sich schlecht etwas einprägen können – wahrscheinlich weil sie faul sind. Tatsächlich erfordert der Bau einer Eselsbrücke ein gehöriges Maß an Fantasie und Intelligenz, einen schwierig abzuspeichernden Sachverhalt so zu durchdenken und zu durchdringen, dass er leicht zu behalten und schwer zu vergessen ist. Der Gedächtnistrainer Gunther Karstens schlägt deshalb vor, Eselsbrücken besser »Expertenbrücken« zu nennen (14).

Die falsche Bezeichnung »Eselsbrücke«

Intelligente Verknüpfungen, die sogar noch ein Lächeln auf die Lippen zaubern, die man mit Freude wiederholt, können ganz sicher nicht von dummen Menschen erschaffen werden. Außerdem ist zu berücksichtigen, dass man nach einiger Zeit der Wissensfestigung die Brücke nicht mehr benötigt, um den Sachverhalt sicher zu erinnern.

Eselsbrücken funktionieren wie Surfbretter, auf denen die Information mit dem Wind von Fantasie und Intelligenz scheinbar mühelos und sicher in das Langzeitgedächtnis gleitet. Nach Ankunft kann das Surfbrett zur Seite gelegt werden (Abb. 21).

Eselsbrücken sind nicht ohne Grund meist komisch und merkwürdig. Die Erfahrung hat gezeigt, dass sie äußerst hilfreich sind, um mit wenigen Wiederholungen Inhalte sicher abzuspeichern. Ein leichtes Schmunzeln auf den Lippen beim Memorieren stärkt immer die positiven Gefühle beim Lernen und damit den Grad des Behaltens.

Vorteile von Eselsbrücken

Abb. 21:
Eselsbrücken sind
Surfbretter

Ein weiterer Vorteil ist, dass, wie bereits ausgeführt, das Wiederholen an jedem beliebigen Ort stattfinden kann und weder Lehrbuch noch Schreibtisch benötigt. So können die Merkhilfen in Zug oder Bus, beim Zähneputzen, während Wartezeiten nicht nur einfach wiederholt werden: Sie dienen vielmehr dem vergnüglichen Zeitvertreib.

Die besten Eselsbrücken sind immer die selbst erfundenen. Der Bau einer solchen Brücke setzt die intensive, mehrmalige Auseinandersetzung mit dem abzuspeichernden Sachverhalt voraus. Der Inhalt muss von mehreren Seiten beleuchtet und auf seine mögliche Tauglichkeit in einer Eselsbrücke abgeklopft werden. Er muss in neuen Zusammenhängen gedacht werden. Dazu müssen die eigenen Gedanken auf die Reise geschickt werden. Sie werden sicher an ungeahnten Zielen ankommen.

Das Prinzip Eselsbrücke

Das Grundprinzip der Mnemotechniken beruht auf der Umsetzung von Informationen in Bilder. In Kap. 2.5 wurden die Grundzüge dieser Umsetzung bereits erläutert. Informationen werden in einem ersten Schritt »bebildert«. In einem zweiten Schritt werden sie dann entweder an ein bereits vorhandenes Bild angehängt oder als zwei oder mehrere neu geschaffene Bilder miteinander verknüpft.

Diesen Vorgang kann man als »Verbilderung« bezeichnen. Die einzelnen Bilder dürfen nicht nur nebeneinander aufgestellt, aufgereiht werden. Sie müssen sich vielmehr durchdringen, sich intensiv und nachhaltig berühren.

Das kann nur gelingen, wenn ernsthaft versucht wird, die rechte Gehirnhälfte, die Künstlerin, dabei anzusprechen. Da sie häufig lange Zeit nichts zu tun gehabt hat, kann es sein, dass sie untrainiert ist und eine längere Zeitspanne für die Erledigung der Arbeit benötigt. Es gilt das allseits bekannte: »Übung macht den Meister.«

Je häufiger versucht wird, Inhalte auf neuen gedanklichen Wegen abzuspeichern, desto leichter fällt es, diese unkonventionelle Methode einzusetzen. Mit gezieltem Training lässt sich sowohl das Bildererstellen an sich üben als auch die Schnelligkeit, mit der die Bilder sprudeln. Denn erst wenn die Bilder mit einer gewissen Schnelligkeit und Leichtigkeit produziert, bei ungenügender Eignung schnell verworfen und durch neue ersetzt werden können, macht es Freude, mit dieser Methode zu arbeiten.

Eselsbrückenbauen ist (zu) mühsam

Wem dieser Weg der Wissenseinprägung zu mühsam erscheint, der sei noch einmal darauf hingewiesen, dass der Weg nur eine Alternative zu der »Ochsentour des Büffelns« ist. Jeder kann sich neue Sachverhalte auch mit konventionellen Mitteln einprägen.

Es kann den Alltag jedoch ungemein bereichern, wenn man zumindest versucht, die selbst erfüllende Prophezeiung »Das ist mühsam, das kann ich nicht« in eine selbst erfüllende positive Prophezeiung zu verwandeln, die lauten könnte: »Ich möchte diese Information behalten. Ich gebe mein Bestes, ein gutes Bild zu finden, mir eine hilfreiche Eselsbrücke zu bauen.«

Der Brückenbau erfordert einen Architekten. Da »Eselsbrückenbau« bisher an Universitäten nicht gelehrt wird, ist man auf das Selbststudium angewiesen. Erste Versuche werden nach dem Prinzip von »trial and error« erfolgen. Ob der Brückenbau erfolgreich war, lässt sich sehr einfach feststellen. Kann man die Inhalte anhand der Brücke zuverlässig erinnern, war die Brücke gut. Kann man sie nicht oder nur unzureichend erinnern, muss die Brücke verändert oder sogar neu gebaut werden.

Anleitung zum erfolgreichen Brückenbau

> »Manche Menschen sehen die Dinge, so wie sie sind und fragen: Warum? Ich erträume Dinge, die es noch nie gegeben hat, und frage: Warum nicht?«
>
> George Bernard Shaw, irischer Dichter und Nobelpreisträger (1856 – 1950)

Im Internet findet man das Wort »Farbenpracht« als Eselsbrücke für den Brückenbau. Jeder Buchstabe steht für ein beachtenswertes Prinzip.

Der Buchstabe **F** steht für **F**antasie. Der Begriff Fantasie kommt aus dem Griechischen und bedeutet Erscheinung oder Vorstellung. Für Aristoteles war Fantasie neben Verstand und Gedächtnis einer der drei Aspekte des menschlichen Geistes (6). Der Begriff bezeichnet die kreative und produktive Fähigkeit des Menschen, mit deren Hilfe er innere Bilder erzeugt und sich eine eigene Innenwelt schafft. Ohne Fantasie ist der Mensch zu einer der wichtigsten menschlichen Fähigkeiten, der Empathie, nicht mächtig. Empathie beschreibt das mitfühlende Sichhineindenken in die Welt eines anderen. Diese Fähigkeit zeichnet ein menschliches Gehirn gegenüber allen anderen Nervensystemen aus (31).

Baustein Fantasie

Der Schriftsteller Siegfried Lenz beschreibt Fantasie als Befreiung von Gewohnheiten und Zwängen: »Sie ist ein Mittel, den Geheimnissen der Welt nahe zu kommen. Mit Hilfe der Fantasie gelingt es, Barrieren zu überspringen. Sie fügt etwas hinzu, erweitert, verwandelt, erfindet. Sie hebt Eindeutigkeiten auf, sie durchdringt und verhext das Gegebene. Fantasie ist ein Besitz, der überlegen macht« (3).

Das Erfinden eines Bildes verlangt diese Fantasie nachhaltig. Hierfür ist, wie bekannt, die rechte Gehirnhälfte zuständig. Es werden Gedanken auf die Reise geschickt, ungewöhnliche Verbindungen hergestellt, und es wird ausprobiert, ob sie sich für ein erfolgreiches Abspeichern eignen. Schon Immanuel Kant (1724 – 1804) hat erkannt: »Gedächtnis ist Fantasie mit Bewusstsein.« Man sollte deshalb vor der Fantasie den nötigen Respekt aufbringen, sie nicht belächeln und in den Bereich kindlicher Vorstellungen verbannen.

Baustein Assoziationen

Der Buchstabe **A** erinnert an **A**ssoziationen, an Verknüpfungen, die gefunden werden müssen mit Hilfe der Fantasie. Informationen werden in einem neu geschaffenen Bild verbunden, wie es beim Prinzip der Eselsbrücke in Kap. 3.1 erklärt wurde. Sie werden zunächst bebildert und dann zu einem neuen Ganzen »verbildert«.

Ein geschultes Gedächtnis zeichnet sich dadurch aus, bewusst Gedanken neu zu verknüpfen, neue Gedankenverbindungen kreativ herzustellen und Freude dabei zu empfinden.

Baustein Reihenfolge

Der Buchstabe **R** steht für **R**eihenfolge. Der Ablauf der Ankerpunkte muss eindeutig festgelegt werden. Dies gelingt am leichtesten, wenn die Reihenfolge logisch ist. Benutzt man ein Haus, dann ergibt sich aus der Anordnung der Stockwerke eine logische Abfolge, benutzt man den menschlichen Körper, fängt man entweder oben oder unten an. Die richtige Reihenfolge muss mehrfach wiederholt werden, so dass sie fest im Langzeitgedächtnis verankert wird. Wie die Reihenfolge festgelegt wird, behandelt das Kap. 3.6.

Baustein Bewegung

Der Buchstabe **B** steht für **B**ewegung. Es ist weitaus interessanter, einen Film anzuschauen als eine Abfolge stehender Bilder. Wenn sich deshalb das Bild des abzuspeichernden Inhalts zusätzlich bewegt, vielleicht sogar ein ganzer Film vor dem geistigen Auge abläuft, kommt das dem Erinnerungsvermögen zugute.

Baustein Emotion

Der Buchstabe **E** steht für **E**motion. Wenn man das Wort im Englischen als »e-motion« betrachtet, erkennt man, dass Gefühle etwas mit Bewegung zu tun haben. Ein Mensch, der von Gefühlen übermannt wird, zeigt sich »bewegt«.

Hochgradig emotionale Ereignisse scheinen sich fast augenblicklich ins Gedächtnis einzubrennen (2). Bei Dingen, die wir intensiv erleben, genügt oft eine einmalige Aufnahme zur permanenten Speicherung. Das heißt, wir können uns ein Leben lang daran erinnern (13).

Die meisten Menscher erinnern sich genau, wo sie sich am Nachmittag des 11.9.2001 aufhielten, als sie die Nachricht vom Einsturz des World Trade Centers in New York hörten. Was sie hingegen am 10.9. oder am 12.9.2001 gemacht haben, erinnern sie weit weniger oder gar nicht. Eine ähnliche Erinnerung haben viele an den Moment, als sie vom tödlichen Autounfall der Prinzessin Diana oder von der Ermordung Kennedys hörten.

Emotionen bewegen Menschen weit mehr als Fakten. Die Nachricht am 19.4.2005, dass Joseph Ratzinger Papst geworden ist, hat die Menschen in Deutschland längst nicht so bewegt wie die Schlagzeile der Bild-Zeitung am folgenden Tag, die lautete: »Wir sind Papst!«

Wenn tiefe Emotionen in die Bilderstellung eingeflochten werden, dringt der Inhalt leichter und tiefer ins Gedächtnis ein. Den Ausspruch: »Das werde ich nie vergessen« wird man nur dann hören, wenn der Sprecher wirklich von etwas ergriffen ist. Tiefe Emotionen, im positiven wie im negativen Sinn, verstärken die Einspeicherung von Inhalten. Sie sind ein perfektes Fixiermittel, ein fantastischer Kleber, um Informationen im Gedächtnis für immer festzukleben.

Der Buchstabe **N** steht für **N**ummerierung. Beim Ablegen der Bilder lassen sich zusätzlich Zahlensymbole verwenden, um eine geordnete Abfolge sicherzustellen. Es hat sich bewährt, die fünfte Position zusätzlich mit dem Symbol für die Fünf, einer Hand, zu belegen. Die Verwendung der Zahlensymbole wird in Kap. 3.4 ausführlich beschrieben. In einer Einheit können ungefähr zehn Informationen zusammen abgelegt werden. Zehn Informationen kann das menschliche Gehirn auch bei Untrainierten einigermaßen gut zusammen bearbeiten. **Baustein Nummerierung**

Durch die Nummerierung von einer Position gelingt es leichter, sich in der Abfolge zu orientieren, so dass man auf Anhieb sagen kann, welche Information sich an Position zwei oder sechs befindet.

Der Buchstabe **P** steht für **p**ositive Bilder. Wie schon gezeigt, vergisst der Mensch negative Erlebnisse schneller als positive. Bei der Bildererstellung sollte deshalb darauf geachtet werden, möglichst viele positive, angenehme Vorstellungen mit einfließen zu lassen. Von Zeit zu Zeit kann es ruhig auch einmal donnern und blitzen, krachen und quietschen, pieksen und ekelig werden. Wohl dosiert bereichert dies das Bildermalen und den Bilderschatz ungemein. **Baustein positive Bilder**

Der zweite Buchstabe **R** steht für **R**eichtum an Farben. Die Erfahrung zeigt, dass ein Farbfilm weit mehr fesselt als die Schwarz-Weiß-Version. Die Bilder sollen Leuchtkraft besitzen und in angenehmen Farben strahlen. Es können auch für den Gegenstand normalerweise ungewöhnliche Farben eingesetzt werden. **Baustein Reichtum**

Der zweite Buchstabe **A** erinnert an das **A**uge als den stärksten Eingangskanal für Reize. Mit den Augen sieht man. Vom Prozess des Sehens ist der des Beobachtens abzugrenzen. Nur was intensiv beobachtet wird, wird fest in der Erinnerung verankert. Erst Beobachtung führt zu Erkenntnis. Das Lebenswerk von Galileo Galilei, Nikolaus Kopernikus, Charles Darwin oder Konrad Lorenz bestätigt das. **Baustein Auge**

Wenn man ein Bild erstellt, ist es wichtig, nicht nur an das Bild, an den Begriff vage zu denken. Vielmehr muss man sich das Bild mit allen Details wirklich »vorstellen«, es muss so vor das geistige Auge gestellt werden, als hinge es real an einer Wand.

Wenn auch die meisten Menschen eine visuelle Informationsaufnahme bevorzugen, sollte man doch immer parallel nach akustischen, olfaktorischen, geschmacklichen oder haptischen Reizen suchen, die sich zum Abspeichern eignen und alle körperlichen, mentalen und emotionalen Kanäle nutzen.

Besonders intensiv werden Gerüche gespeichert. Das eigentliche Gedächtnis entstand entwicklungsgeschichtlich aus dem Geruchsgedächtnis. Es war schon immer überlebenswichtig, giftige von nicht-giftigen Lebensmitteln mit Hilfe des Geruchs unterscheiden zu können. Die Hirnregionen, die in der Evolution ursprünglich mit Geruch zu tun hatten, haben sich dahingehend ausgeweitet, dass sie nun auch Emotionen verarbeiten. Nach Frederic Vester gibt es »Schlüsselgerüche«, die ganze Erinnerungspakete wachrufen können (13). Man riecht eine bestimmte Sonnenmilch und Urlaubserlebnisse tauchen auf. Der Geruch eines Rasierwassers, eines Parfüms, erinnert an die erste große Liebe. Der Duft von Bohnerwachs weckt Erinnerungen, auf Großvaters Knien geschaukelt worden zu sein, während Tante Erika das beige Linoleum in der Küche mit dem Bohnerbesen bearbeitete. Eine Mutter wird sich auch nach langer Zeit an den Geruch ihrer Kinder als Babys erinnern.

Je mehr Sinne und Kanäle eingesetzt werden, je häufiger Ein-Kanal-Informationen innerlich in Mehr-Kanal-Informationen verwandelt werden, desto größer ist der Erfolg.

Baustein Cluster

Der Buchstabe **C** steht für **C**luster. Das englische Wort bedeutet Traube, Schwarm, Gruppe oder Anhäufung. In der Mathematik versteht man darunter eine Punktwolke, die um eine Gerade herum Messwerte repräsentiert. In der Genetik bezeichnet man als Cluster eine Gruppe benachbarter Gene, die eine ähnliche Funktion ausüben. In der Physik werden Ansammlungen von Atomen und Molekülen als Cluster zusammengefasst, die einer bestimmten Anzahl, einer festgelegten Menge entsprechen. Als Cluster-Kopfschmerz werden Kopfschmerzen bezeichnet, die periodisch stark gehäuft in Attacken auftreten.

Alle Beispiele eint, dass in einem Cluster etwas zusammengefasst wird, was zusammengehört oder miteinander verwandt ist. Man benutzt diese Technik ganz selbstverständlich, wenn man den Inhalt eines Buches oder eines Films jemandem erzählen möchte. Wichtige Einzelinhalte werden komprimiert, verdichtet, zusammengefasst und in eine logische Reihenfolge gebracht, damit sich der Gesprächspartner ein »Bild« von dem Buch oder dem Film machen kann.

In der Gedächtniskunst wird beim Clustern, bei der Abspeicherung von Inhalten, nach zusammengehörenden Merkmalen gesucht. Hier gilt es, nach neuen, interessanten gemeinsamen Merkmalen zu suchen und neue Wege bei der Gedächtnisspeicherung zu gehen. So kann die Information, wie einzelne Antibiotika wirken, konventionell unter dem einzelnen Arzneistoff dargestellt werden. Es kann aber auch der Weg des Clusterings beschritten werden, indem, wie bereits aufgezeigt, Antibiotika mit gleichem Angriff an der Bakterienzelle gedanklich zusammengefasst werden (Abb. 19). Die Information, dass die Initialdosis von Doxycyclin zwei Tabletten mit 100 mg beträgt, kann wiederum konventionell unter dem Arzneistoff abgespeichert werden. Beim Clustering sucht man nun nach Arzneistoffen, bei denen die Initialdosis ebenfalls zwei Tabletten beträgt. Wenn man dann bei Naproxen 250 mg und bei Loperamid fündig wird, fasst man diese drei Arzneistoffe in einem Cluster zusammen.

Das Finden von Clustern ist eine anspruchsvolle Tätigkeit des Gehirns. Es werden neue Synapsen und Verbindungen zwischen bisher nicht verbundenen Nervenzellen gebildet. Die Mühe wird jedoch durch ungeahnte Verknüpfungen belohnt, die den Lernstoff nicht nur auflockern, sondern neue, interessante Einblicke in den Wissensschatz ermöglichen.

Baustein Humor

Der Buchstabe **H** steht für **H**umor. Humor aktiviert die rechte Gehirnhälfte und damit die Kreativität (13). Humorvolle Bilder, bei deren Erstellung und Abrufen man schmunzeln muss, bleiben gut haften, da man sich gern an sie erinnert und sie auch gern wiederholt. Humor ist immer eine gute Quelle für positive, lang anhaltende Erinnerungen. Sketche von Loriot sind ein gutes Beispiel. Man denke nur an die Nudel und Fräulein Hildegard. Aber bitte: »Sagen Sie jetzt nichts ...«

> *»Humor ist der Knopf, der verhindert, dass uns der Kragen platzt.«*
> Joachim Ringelnatz, deutscher Dichter (1883 – 1934)

Baustein Tiefe

Der Buchstabe **T** am Ende steht für die **T**iefe der Sinneseindrücke, die nötig ist, um nachweisbare Spuren im Langzeitgedächtnis zu hinterlassen. Je intensiver das Bild geschaffen wird, je mehr Sinne bei der Erstellung angesprochen wurden, je häufiger es wiederholt wird und Gegenstand der gedanklichen Auseinandersetzung ist, desto besser bleibt es haften. Im Kap. 2.6 ist die Bedeutung der Verarbeitungstiefe von Gedächtnisinhalten erläutert worden.

Test

Testen Sie Ihren Lernerfolg, verarbeiten Sie die Inhalte, bevor Sie weiterlesen! Beantworten Sie folgende Fragen am besten laut murmelnd:
- Warum ist der Name »Eselsbrücke« falsch?
- Was ist das Grundprinzip aller Eselsbrücken?

- Was bedeutet der Buchstabe »F« in dem Wort »Farbenpracht«?
- Was bedeuten Gefühle für die Erinnerung?
- Was versteht man unter der Tiefe der Sinneseindrücke?
- Bei welchen Arzneimitteln beträgt die Initialdosis zwei Tabletten?

3.3 Reime, Akronyme und Merksätze

Bekannte Merksprüche

Aus der Schulzeit bleiben häufig die unterschiedlichsten Merksprüche haften. Sie waren meist die einzige Mnemotechnik, die Schüler in der Schule lernten. Der Merkspruch wird auch Merkreim, Merkvers, Merkhilfe, Lernspruch genannt. Er fungiert als akustische Eselsbrücke.

Alle älteren Abiturienten memorieren den bereits erwähnten Reim aus dem Geschichtsunterricht »*333 – Issos Keilerei*«, der an den Sachverhalt erinnert, dass Alexander der Große zu diesem Zeitpunkt bei Issos den Perserkönig Darius vernichtend schlug und damit die persische Vorherrschaft in der damals bekannten Welt beendete.

Für nahezu alle Unterrichtsfächer gab es Merksprüche. Rechtschreibregeln ließen sich so besser merken: »*Wer nämlich mit h schreibt, ist dämlich*« oder »*Nach l, n, r das merke ja, kommt nie tz und nie ck. Nur einer eine Ausnahm' macht, hast du an Bismarck schon gedacht?*« Im Englischunterricht erleichterte der Spruch »*Yesterday, ago and last, always want the simple past*« den richtigen Gebrauch der Zeiten. Im Musikunterricht veranschaulichten zwei Merksprüche, welche Noten auf den Notenzeilen sitzen und welche dazwischen. »*Es geht hurtig durch Fleiß*« und »*Fritz aß Citronen-Eis.*«

In Geographie erfreute der Merkspruch »*Wo Werra sich und Fulda küssen, sie ihren Namen büßen müssen. Da entsteht durch diesen Kuss der Weser-Fluss.*«

Pharmazeutische Beispiele für Reime

Bei der Ausbildung im Labor erleichtert der Merkspruch »*Erst das Wasser, dann die Säure, sonst geschieht das Ungeheure*«, das sichere Verdünnen hochkonzentrierter Säuren und hilft, einen Siedeverzug sicher zu vermeiden, indem man beim Mischen die richtige Reihenfolge einhält.

Vorgefertigte Reime für die Beratung in der Offizin gibt es nur wenige. Hier ist die eigene Fantasie gefragt, um Beratungsinhalte in Reimform zu bringen und sich die Sachverhalte besser merken zu können.

Der gegen Kopfschuppen eingesetzte Arzneistoff Ketoconazol kann den Glanz der Haare beeinträchtigen. Das bei der gleichen Erkrankung eingesetzte Selensulfid in Selsun® kann Haare orange oder grau verfärben. Diesen Veränderungen kann man vorbeugen, indem man dem Patienten rät, die Haare nach dem Shampoonieren intensiv zu spülen. Ein möglicher Merkreim wie »Beim Schuppenshampoo denke dran, dass sich das Haar verfärben kann« erleichtert das Wiederholen.

Bei Einsatz des H_1-Antihistaminikums Azelastin wie in Allergodil® ist der Patient darauf hinzuweisen, bei Applikation den Kopf waagerecht zu halten. Wird der Kopf in den Nacken gelegt, kann Arzneistoff in den Rachen gelangen. Der Patient verspürt einen bitteren Geschmack, der die Compliance verschlechtert. Der Merkreim »Azelastin schmeckt bitter, stehst Du nicht wie ein Ritter« erleichtert das Memorieren, da es dem Ritter in seiner Rüstung schwerfällt, den Kopf in den Nacken zu legen.

Das Antibiotikum Roxithromycin aus der Reihe der Makrolide soll laut ABDA-Datenbank 30 Minuten vor den Mahlzeiten gegeben werden, da sich eine verminderte Bioverfügbarkeit aus der gleichzeitigen Gabe zum Essen ergeben könnte. Der Merkreim »Essen macht Roxi fix und foxi« erleichtert das Wiederholen.

Die Rolle des Vitamins D ist im Calciumhaushalt vielfältig. Es ist für die Resorption des Calciums aus dem Darm ebenso verantwortlich wie für den Transport des Minerals zum Knochen. Folgender Merksatz hilft, dies zu erinnern: »Vitamin D verbessert auf alle Fälle die Calciumresorption aus der Mukosazelle. Es bringt den Baustoff dann dicht an den Knochen ran.«

Auf ein für die Gesundheit sehr gefährlich werdendes Übergewicht weist ein BMI über dreißig hin: »Ist der BMI über dreißig, nimm ab fleißig!«

Dass es beim Abnehmen vor allem auf Kalorienrestriktion durch Verringerung der Nahrungsaufnahme ankommt, wird in dem Satz deutlich: »Jedes Pfündchen geht durchs Mündchen.«

Magensaftresistente Tabletten zeichnen sich durch einen Überzug aus, der Säure widersteht. So soll verhindert werden, dass sich die Tablette bereits im Magen auflöst. Dort kann der Arzneistoff Magenprobleme hervorrufen oder verstärken, oder er wird durch die Säure des Magens so verändert, dass er nicht die volle Wirkung entfaltet. Magensaftresistente Tabletten sollten 30 Minuten vor dem Essen eingenommen werden, um den sicheren Transport in den Dünndarm zu gewährleisten. Diesen Einnahmehinweis beinhaltet der Merksatz: »Für Tabletten magensaftresistent man die Nüchterngabe kennt.«

Bei den Calciumantagonisten vom Nifedipintyp wie Nifedipin, Amlodipin, Nimodipin, Nisoldipin, Nitrendipin empfiehlt die ABDA Datenbank, dass aufgrund eingeschränkter Metabolisierung in der Leber durch Grapefruitsaft der Verzehr dieses Fruchtsaftes während der Einnahmedauer vorsichtshalber kontraindiziert ist, damit der Blutdruck nicht unkontrolliert stark absinkt. Hier hilft der Satz: »*Bei den Dipinen denke dran, gefährlich Grapefruit sein kann.*«

Akronyme als Merkhilfen

Der Begriff »Akronym« stammt aus dem Griechischen und bedeutet »Großbuchstabenwort«. Ein Akronym ist ein Sonderfall der Abkürzung. Nach der Definition des Dudens ist es ein Kurzwort/Merkwort, das aus den Anfangsbuchstaben mehrerer Wörter zusammengesetzt ist. Es gibt Akronyme, deren Buchstaben einzeln ausgesprochen werden, wie ADAC, BSE, PKW, LKW oder PC. Oder sie klingen phonetisch wie ein real existierendes Wort, das leicht auszusprechen ist, wie AIDS, LASER, GAU oder NATO.

Akronyme sind sorgfältig gepackte Wissenspakete, die verwandte Informationen sinnvoll miteinander verknüpfen und leicht erinnern lassen.

Beispiele für Akronyme

Mit MEMO wurde ein erstes Akronym bei den Grundlagen des Gedächtnistrainings besprochen.

Ein weiteres Akronym ist die SMART-Regel. Die DIN EN ISO 9001:2000 fordert, dass für eine Zertifizierung regelmäßig Unternehmensziele aufgestellt und überprüft werden müssen. Für das Aufstellen der Ziele gilt die SMART-Regel. Diese bedeutet, dass Ziele **S** = **s**pezifisch, **M** = **m**essbar, **A** = **a**ngemessen, **R** = **r**ealistisch und **T** = **t**erminiert sein müssen.

Das Akronym AIDA hat eine vielfältige Bedeutung. In der Werbung versteht man darunter ein Prinzip, Werbeträger attraktiv zu gestalten, wie zum Beispiel in der Apotheke Handzettel oder Schaufenster.

Der Buchstabe **A** steht für »**A**ttention«. Der Werbeträger soll etwas enthalten, was die Aufmerksamkeit beim Kunden auf sich zieht. Vielfach wird dies ein so genannter »Eye-Catcher« sein.

Der Buchstabe **I** steht für »**I**nterest«. Hier soll das Interesse des Kunden geweckt werden. Formulierungen wie »*Wussten Sie schon, ...*«, »*Es wird Sie sicher interessieren, dass ...*« können Formulierungen sein, die das Interesse wecken.

Der Buchstabe **D** steht für »**D**esire«. Es sollen Elemente enthalten sein, die Kundenwünsche wecken oder befriedigen. Die Erklärung »*Urea führt zu einer optimalen Befeuchtung Ihrer trockenen Haut, so dass sie sich für viele Stunden glatt und geschmeidig anfühlt*«, weckt in dem Kunden den Wunsch, in den Genuss dieser Wirkung zu kommen.

Der zweite Buchstabe **A** steht für »**A**ction«. Die Gestaltung soll den Kunden zum Handeln anregen. Formulierungen wie »*Rufen Sie uns an*«, »*Fragen*

Sie uns«, » Bringen Sie uns Ihren Impfausweis«, »Lassen Sie sich bei uns beraten« fordern zu einem derartigen Handeln auf.

Beim Abspeichern der fettlöslichen Vitamine A, D, K, E hilft das Akronym des Namens der Lebensmittelkette EDEKA.

Auch bei der Beratung in der Offizin ist es hilfreich, Beratungsinhalte mit Hilfe von Akronymen abzuspeichern.

Das Merkwort KAGOO hilft, blutverdünnende Arzneimittel/Arzneistoffe im Gedächtnis zu behalten. Die zeitgleiche Anwendung mit Phenprocoumon/Marcumar® muss wegen einer nicht kalkulierbaren Auswirkung auf die Blutgerinnung vermieden werden. Außerdem ist es ratsam, diese Arzneistoffe/Arzneimittel rechtzeitig vor chirurgischen Eingriffen abzusetzen und den Patienten im Beratungsgespräch auf eine mögliche erhöhte Blutungsneigung aufmerksam zu machen.

Dabei haben die Buchstaben folgende Bedeutung: **K** = **K**noblauch, **A** = **A**cetylsalicylsäure, **G** = **G**inkgo, **O** = **O**mega-3-Fettsäuren und **O**rlistat.

Die Kontraindikationen von Acetylsalicylsäure lassen sich ebenfalls mit einem Merkwort abspeichern. Dieses lautet MAKS. Dies bedeutet: **M** = **M**agenbeschwerden, **A** = **A**sthma, **K** = **K**inder und Jugendliche, **S** = **S**chwangerschaft.

Ein Merksatz ist eine weitere hilfreiche Mnemotechnik. Es werden lustige oder »merk-würdige« Sätze gebildet, bei denen die Anfangsbuchstaben der einzelnen Worte helfen, die zu erinnernden Sachverhalte leichter abzurufen.

Merksätze zum sicheren Abspeichern

Zunächst wird ein Beispiel des Allgemeinwissens vorgestellt.

Der bekannte Merksatz *»Mein Vetter erklärt mir jeden Sonntag unsere neun Planeten«* veranschaulicht den Abstand der neun Planeten zur Sonne, zu denen bis 2006 auch Pluto gezählt wurde.

M	ein	Merkur
V	etter	Venus
e	rklärt	Erde
m	ir	Mars
j	eden	Jupiter
S	onntag	Saturn
u	nsere	Uranus
n	eun	Neptun
P	laneten	Pluto

Nun werden Beispiele aus der Pharmazie erläutert. Anregungen für Merksätze für die Ausbildung findet man im Internet.

Mit Hilfe des Satzes »**Phän**omenale **Isol**de **trübt m**it **H**interlist **Leu**tnant **Val**entins **lü**sterne **Trä**ume« lassen sich leicht die für den Organismus essentiellen Aminosäuren ableiten: Phenyalanin, Isoleucin, Tryptophan, Methionin, Histidin, Leucin, Valin, Lysin und Threonin.

Die Basenpaarung der DNA, dass **A**denin komplementär zu **T**hymin und **G**uanin komplementär zu **C**ytosin ist, lässt sich leicht merken mit dem Satz »**A**rmer **T**eufel, **G**uter **C**hrist«.

Auch gibt es Merksätze für jede der Gruppen und Perioden des Periodensystems, um sich die Elemente in der richtigen Reihenfolge einzuprägen.

So lautet der Merksatz für die Elemente der sechsten Hauptgruppe »**O**pa **S**ucht **S**einen **Tee**Pott«: Sauerstoff (O), Schwefel, Selen, Tellur, Polonium.

Die Elemente der zweiten Periode umfassen Lithium, Beryllium, Bor, Kohlenstoff, Stickstoff, Sauerstoff, Fluor und Neon. Deren Reihenfolge merkt man sich mit dem Satz: »*Liebe **B**erta, **B**itte **K**omm **N**ie **O**hne **F**eines **N**egligé.*«

Dass die **Ka**thode der **Mi**nuspol ist und die Anode deshalb der Pluspol, erläutert der Merksatz: »*Die **Ka**tze **mi**aut.*«

Die Stoffe Wasserstoff, Fluor, Chlor, Sauerstoff, Stickstoff, Jod und Brom kommen im elementaren Zustand immer molekular vor. Ihre Namen merkt man sich mit dem Satz: »*H*ans *F*uhr *C*lever *O*pel *N*ach *I*nnenstadt *Br*emen.*«

Wenn man ein verletztes Bein hat und Stufen gehen muss, muss man sich einprägen, welches Bein zuerst benutzt wird: »*Mit der Gesundheit/ dem gesunden Bein geht es bergauf, mit der Krankheit/dem kranken Bein geht es bergab.*«

An die Stadien der Zellteilung erinnert der Satz: »*I*ch *p*oche *m*anchmal *a*n *T*üren.*« Die Anfangsbuchstaben der Worte stehen für **I**nterphase, **P**rophase, **M**etaphase, **A**naphase, **T**elophase.

Die einzelnen Buchstaben des Wortes »***Gelenkbus***« helfen, die pathologischen Urinparameter zu memorieren: **G**lucose, **E**rythrozyten, **L**eukozyten, **E**iweiß, **N**itrit, **K**eton, **B**ilirubin, **U**robilinogen und **S**äure für den pH-Wert.

Pharmazeutische Beispiele

Auch bei der Arzneimittelberatung können Merksätze helfen, die zu übermittelnden Inhalte sicher zu memorieren. Die gelernte Technik wird auf pharmazeutische Sachverhalte übertragen. In derartigen Merksätzen werden Informationen bei der Informationsspeicherung zusammengefasst, die sonst einzeln, ohne Zusammenhang untereinander, im Gedächtnis abgelegt werden. Im Beratungsgespräch kann dann die entsprechende »Schublade« aufgezogen werden, um den Beratungsinhalt wiederzufinden.

Über die nüchterne Einnahme des Antibiotikums Roxithromycin wurde bereits berichtet. Der gleiche Einnahmehinweis gilt bei Antibiotika auch für Ciprofloxacin, den am häufigsten verordneten Gyrasehemmer und für Penicillin.

Nüchterne Einnahme von Antibiotika

Diese drei Substanzen können leicht gemeinsam erinnert werden: »*Ciao, Robert pennt!*« **Ci**ao steht für **Ci**profloxacin, **Ro**bert für **Ro**xithromycin und **pe**nnt für **Pe**nicillin.

Bei der Einnahme von Calcium oder anderen polyvalenten Kationen wie Eisen, Magnesium, Selen, Aluminium und Zink ist der Patient bei der gleichzeitigen Einnahme bestimmter Arzneistoffe so zu beraten, dass er auf einen mindestens zweistündigen Zeitabstand bei der Anwendung hingewiesen wird, um eine Komplexbildung und damit eine Wirkungsabschwächung zu verhindern. Die beratungsbedürftigen Arzneistoffe sind das Schilddrüsenhormon L-Thyroxin, Bisphosphonate wie Alendronat, Risendronat, Etidronat, Gyrasehemmer wie Ciprofloxacin, Levofloxacin, Moxifloxacin, Norfloxacin und Ofloxacin und die Tetracycline Doxycyclin, Minocyclin und Tetracyclin. Diese Arzneistoffe lassen sich gut mit dem Satz wiederholen: »*Leo geht bis Traunstein.*« **L**eo steht für **L**-Thyroxin, **g**eht für **G**yrasehemmer, **bis** für **Bis**phosphonate, und **T**raunstein für **T**etracycline.

Interaktionen mit Calcium

Einige Arzneistoffe zeigen nach der Einnahme Hautreaktionen, wenn während der Therapie die Sonnenbank aufgesucht wird. Das sind unter anderem die Antibiotika Cotrimoxazol, Tetracycline und Gyrasehemmer. Die drei Stoffgruppen lassen sich gut wiederholen mit dem Satz: »*Conrad taucht gern am Halterner Stausee.*« Dieser Merksatz umfasst neben den Antibiotika auch Amiodaron und Hydrochlorothiazid, die ebenfalls eine fotosensibilisierende Wirkung zeigen.

Vorsicht Sonnenbank

Conrad steht für **Co**trimoxazol, **t**aucht für **T**etracycline, **g**ern für **G**yrasehemmer, **am** für **Am**iodaron und **H**alterner Stausee für **H**ydrochlorothiazid.

Je nach Wohnort wird ein See gesucht, der mit **H** beginnt. In Berlin könnte das der Halensee, in Mecklenburg-Vorpommern der Heidensee oder im Berchtesgadener Land der Hintersee sein.

Abb. 22 illustriert die Merksätze.

– Ciao, Robert pennt   – Leo geht bis Traunstein   – Conrad taucht gern am
                                                              Halterner See

Abb. 22

Test Testen Sie Ihren Lernerfolg, verarbeiten Sie die Inhalte, bevor Sie weiterlesen! Beantworten Sie folgende Fragen am besten laut murmelnd:

- Welchen Beratungshinweis geben Sie bei Abgabe arzneilicher Schuppenshampoos?
- Was soll der Patient bei Applikation eines azelastinhaltigen Nasensprays beachten?
- Welcher Einnahmehinweis gilt für magensaftresistente Tabletten?
- Bei Abgabe welcher Arzneistoffe sollte ein Hinweis erfolgen, dass während der Einnahme keine Sonnenbank aufgesucht werden darf?
- Mit welchen Arzneistoffen geht Calcium eine Komplexbindung ein?

3.4 Die Garderobenmethode – Das Aufhängeprinzip

Das Aufhängeprinzip arbeitet mit Zahlen bei der Gedächtnisspeicherung, an denen Inhalte wie an Kleiderbügeln oder Haken an einer Garderobe aufgehängt werden.

Zahlen und Reihenfolgen merken

Gedächtnistraining mit Zahlen ist eine der erfolgreichsten Methoden, den Einsatz der rechten Gehirnhälfte zu üben und beide Gehirnhälften bei der Erledigung von Lernaufgaben gemeinsam einzusetzen.

Viele Menschen haben Probleme, sich Zahlen zu merken. Dazu gehören Telefonnummern ebenso wie Geburtstage, Jahrestage und Autokennzeichen. Die schier unendliche Anzahl von PIN-Nummern und Geheimzahlen fordern das Gedächtnis immer wieder, sie bei Bedarf in der richtigen Reihenfolge zu produzieren. Dies ist besonders schwer, wenn die Nummer länger nicht benutzt wurde. Soll man dann unter Stress am Kassenterminal mit einer längeren Warteschlange im Rücken die Nummer reproduzieren, misslingt das häufig.

Mit Hilfe des Aufhängeprinzips gelingt es jedoch, sich Zahlen und damit auch festgelegte Reihenfolgen von Abläufen einzuprägen. Den einzelnen Zahlen werden Symbole zugeordnet, die das Erinnern erleichtern.

Der Gedächtnistrainer Markus Hofmann bezeichnet die Symbole als Briefkästen, in denen die Informationen wie einzelne Briefe abgelegt werden können (9).

Das intuitive Gefühl für Zahlen ist bei vielen Menschen wesentlich schlechter ausgeprägt als das Gefühl für Worte. Wenn es gelingt, Zahlen in Worte zu verwandeln, wird nicht mehr nur die linke Gehirnhälfte mit ihnen jonglieren, sondern die rechte Gehirnhälfte wird aufgerufen, zu den Ziffernfolgen/ Worten merkwürdige Bilder zu malen, die das Erinnern erleichtern.

Die intensive Beschäftigung mit den Zahlensymbolen und der konsequente Einsatz/das konsequente Training beim Abspeichern von behaltenswerten Sachverhalten trainiert hervorragend die rechte Gehirnhälfte. Die dabei gewonnenen Fähigkeiten erleichtern den Einsatz der im Weiteren besprochenen Mnemotechniken, um Gedächtnisinhalte zeitsparend einzuspeichern und sicher bei Bedarf abzurufen.

In nahezu allen Büchern zum Gedächtnistraining werden entsprechende Symbole zu Zahlen vorgestellt. Die Methode geht bereits auf das Jahr 1648 zurück. Sie wurde von dem deutschen Gelehrten Stanislaus Mink von Wennsheim als Mnemotechnik angewandt. Harry Lorayne hat die häufigsten Symbole bereits 1957 beschrieben (29).

Die Bleistiftliste: Zahlensymbole von 0 – 10

Die Form der NULL erinnert an einen Luftballon und wird durch diesen dargestellt. Die EINS lässt sich durch einen Bleistift darstellen. Für die ZWEI könnte der Schwan ein Symbol sein, da er als Scherenschnitt betrachtet, wie das arabische Symbol für die Zwei gesehen werden kann. Das Symbol für die DREI ist ein dreiblättriges Kleeblatt. Für die VIER steht ein Stuhl, der auf vier Beinen steht. Die FÜNF wird durch eine Hand mit üblicherweise fünf Fingern symbolisiert. Wenn man einen futterfressenden Elefanten von der Seite, im Profil, betrachtet, dann sieht der sich einrollende Rüssel aus wie die Zahl SECHS. Deshalb ist der Elefant das Symbol für die Sechs. Die englische Schreibweise der SIEBEN – ohne Mittelstrich – erinnert an ein Fähnchen, das geschwungen wird. Die Fahne ist das Symbol für die Sieben. Die ACHT erinnert von der Form her an eine Sanduhr und die NEUN an eine Trillerpfeife, so dass die Sanduhr die Acht und die Trillerpfeife die Neun darstellt. Die ZEHN besteht aus der Ziffer eins und der Ziffer null. Diese beiden lassen sich durch Billardstock und Billardkugel darstellen.

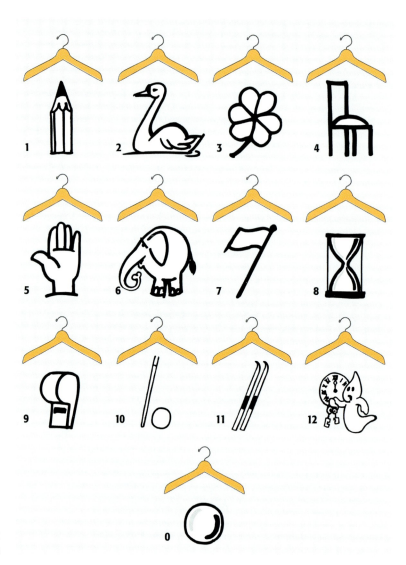

Abb. 23:
Die Bleistiftliste

Nach dem Symbol für die Ziffer EINS wird diese Liste die »Bleistiftliste«
genannt.

Beispiel für das   Wer sich eine bestimmte Ziffernfolge einprägen möchte, übersetzt zu-
Erinnern einer Zahl   nächst die einzelnen Ziffern in ihre Symbole. Aus den Symbolen wird
dann mit Hilfe der rechten Gehirnhälfte, der Künstlerin, eine möglichst
spannende, merkwürdige Geschichte erfunden. Diese muss einige Male
wiederholt werden, damit sie sich im Langzeitgedächtnis festsetzt.

Für die PIN Nummer 4382 stehen die Symbole Stuhl, Kleeblatt, Sanduhr
und Schwan (Abb. 24). Sie könnten in folgende Geschichte umgesetzt

• **4382**

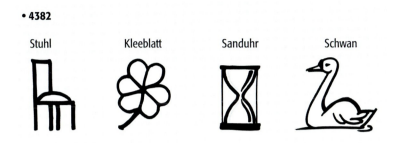

| Stuhl | Kleeblatt | Sanduhr | Schwan |

Abb. 24:
Bildliche Darstellung
einer Zahl

werden (Abb. 25): Man betritt in Gedanken den Schalterraum seiner Bank, um am Geldautomaten Geld zu ziehen, berührt den Bildschirm und stellt zu seinem Erstaunen fest, dass statt des Dialogmenüs ein Stuhl, 4, des heimischen Esstischs dort auftaucht. Da man seinen Augen nicht traut, berührt man den Bildschirm ein zweites Mal. Nun ist der vertraute Stuhl über und über mit dreiblättrigen Kleeblättern, 3, übersät. Als man genauer hinschaut, stehen die Beine des Stuhls eigenartigerweise nicht auf dem Boden, sondern balancieren auf Sanduhren, 8. Man betrachtet das merkwürdige Bild, als sich plötzlich ein Rauschen erhebt, hervorgerufen durch den Flügelschlag eines mächtigen Schwans, 2, der durch die Tür in den Schalterraum der Bank geflogen kommt. Die Geschichte enthält die Symbole Stuhl, Kleeblatt, Sanduhr, Schwan in einer festgelegten Reihenfolge und hilft, die Zahl 4382 zu erinnern.

Für das Memorieren ist es wichtig, nicht nur an die Symbole zu denken, sondern sie sich als reales Bild vor das geistige Auge zu stellen. Die Oh-

Abb. 25:
Bildliche Darstellung
einer Zahl

ren hören die Geräusche, die Nase riecht die Düfte, die Haut fühlt die Berührungen.

Weitere Beispiele

Es soll die Ziffernfolge 1069 erinnert werden. Der Betrachter betritt mit einem winzigen Bleistift, 1, den Raum, den ein überdimensionaler, von der Decke bis zum Boden reichender prall gefüllter Luftballon, 0, ausfüllt. Mit dem winzigen Bleistift wird der Luftballon angepiekst. Der zerplatzt mit einem lauten Knall, und es kommt ein Elefant, 6, zum Vorschein, der laut auf einer großen Trillerpfeife, 9, pfeift.

Zu der Telefonnummer 653410 passt folgende Geschichte: Ein Elefant, 6, wird von einem Wärter gefüttert, der ihm mit der Hand, 5, lauter Kleeblätter, 3, in den Rachen steckt. Das ist so anstrengend, dass der Wärter sich ermattet auf einen Stuhl, 4, fallen lässt und sitzend eine Partie Billard, 10, spielt.

Die Reimliste: Alternative Zahlensymbole von 0 – 10

Wer in der Übung ein wenig fortgeschritten ist, kann nach alternativen Zahlensymbolen suchen. Diese Alternativen sind besonders dann wichtig, wenn die Symbole in Gedanken häufiger besetzt werden. Neue Kreationen können schwerfallen, wenn die bereits gefundenen Bilder sehr einprägsam waren.

Bei den eben genannten Symbolen ist man bei der Bildersuche oft von den Umrissen der Zahlen ausgegangen oder hat nach Funktionen gesucht, die sie besetzen. Eine weitere Möglichkeit bei der Symbolsuche stellt die Reimmethode dar. Sie macht sich den Klang des Namens der Ziffer zunutze. Die Reimliste ist in Abb. 26 dargestellt.

So kann man sich die NULL als ein Päckchen Mull vorstellen. Der Name von EINS = EIN reimt sich auf Bein oder Wein, die ZWEI auf Ei oder Zwo auf Stroh, Floh oder gar Klo. Die Worte Brei oder Hai lassen sich bildlich gut darstellen und da sie sich auf DREI reimen, symbolisieren sie diese Ziffer ebenso wie eine Tube des Waschmittels Rei®. Die VIER reimt sich auf Klavier oder Bier und die FÜNF auf Strümpf' oder Sümpf', in dem der zu erinnernde Sachverhalt »untergehen« kann. Klecks oder Hex' reimt sich auf SECHS und die Grieben aus dem Schweineschmalz reimen sich auf SIEBEN. Für die ACHT steht ein Schacht oder ein Mensch, der lacht und für die NEUN eine Scheun'. Die ZEHN reimt sich auf lauter gute Feen oder auf Kren, das österreichische Wort für Meerrettich. Diese Liste wird Reimliste genannt.

Die oben genannte PIN 4382 könnte alternativ mit folgender Geschichte abgespeichert werden: Auf den Deckel eines Klaviers, 4, ergießt sich eine gehörige Portion Brei, 3. Dadurch wird das Klavier so schwer, dass es einen Schacht, 8, hinunterfällt. Unten landet es jedoch weich auf einem Ballen Stroh, 2.

Ein = Wein, Bein

Zwei = Ei
Zwo = Stroh, Floh

Drei = Brei, Hai

Vier = Tier, Bier, Klavier

Fünf = Strümpf

Sechs = Klecks, Hex

Sieben = Grieben

Acht = Nacht, Schacht

Neun = Scheun'

Zehn = Feen, Kren

Elf = Elfen

Zwölf = Wölf'

Null = Mull

Abb. 26:
Die Reimliste

Man kann sich bei den Symbolen auch ganz von der eigenen Fantasie leiten lassen.

Die Ziffer EINS lässt sich gut durch den nach oben gerichteten Daumen darstellen, durch einen Baum, Baumstamm, eine Palme oder für Pharmazeuten durch ein Suppositorium.

Weitere Alternativen

Für die ZWEI stehen der gespreizte Zeige- und Mittelfinger wie für das englische Wort für Sieg »victory«. Oder man denkt bei der Zwei an berühmte Filmduos wie Dick und Doof. Ältere Zeitgenossen könnten an Vivian Leigh und Clark Gable in »Vom Winde verweht«, Jüngere an Leonardo diCaprio und Kate Winslet in »Titanic« denken. Auch lassen sich die zwei Klingen einer Schere als Zwei symbolisieren.

Die DREI stellt ein Dreirad oder ein Dreizack dar, oder man sieht vor seinem geistigen Auge Kaspar, Melchior und Balthasar, die Heiligen Drei Könige, wie sie an der Krippe knien und ihre Gaben darbringen. Eine verschworene Dreiergemeinschaft bilden Harry Potter, Ron Weasly und Hermine Granger in den Romanen von J. K. Rowling.

Die VIER symbolisiert jegliches Tier, das auf vier Beinen läuft, oder man stellt sich vier Fäuste vor, die den Cineasten an den Film »Vier Fäuste für ein

Halleluja« erinnern. Auch könnte ein klassische Musik spielendes Quartett an die Ziffer Vier erinnern, ebenso wie die »Fabulous Four«, die Beatles. Ein weiteres Symbol ist ein Adventskranz, an dem vier Kerzen brennen. Auch würde sich ein Kompass mit den vier Himmelsrichtungen anbieten.

Bei der FÜNF kann man an die »Fünf-Freunde-Romane« von Enid Blyton oder an die fünf olympischen Ringe denken. Als Gegenstück zu den Beatles, 4, könnten bei der 5 die Rolling Stones auf die Bühne kommen.

Die SECHS ruft Erinnerungen an einen Lottoschein hervor, der hoffentlich einen richtigen Sechsertipp bescheren wird. Schreibt man das Wort für die Sechs gar mit einem X, fallen der rechten Gehirnhälfte sicher zusätzliche Bilder ein. Untersuchungen haben gezeigt, dass Bilder aus diesem Bereich besonders gut haften bleiben, und zwar bei Männern wie bei Frauen.

Die SIEBEN erinnert an Schneewittchen und die sieben Zwerge oder an die sieben Brücken, über die bereits Peter Maffay 1980 gehen musste. Auch kann man bei der Sieben an eine Katze denken, die bekanntlich sieben Leben besitzt oder die Stadt Rom, welche auf sieben Hügeln errichtet wurde.

Die ACHT erinnert an die Wacht am Rhein oder als bayerische Tracht an ein Dirndl. Auch könnte eine rasante Fahrt auf der Achterbahn ins Gedächtnis kommen. Eine hochkant gestellte Brille gleicht ebenfalls einer Acht, ebenso wie ein Schneemann, dessen Körper aus zwei dicken Schneekugeln besteht.

Bei der NEUN lässt sich an den gekrümmten Schwanz einer Katze denken, der wie eine Neun geformt ist oder an einen Bischofsstab. Auch könnten neun aufgestellte Kegel auf einer Kegelbahn an die Neun erinnern.

Bei der ZEHN denkt man an ein Ei, das gerade mit einem Löffel aufgeklopft wird. Man könnte sich auch bei der Zehn vorstellen, wie Moses die Gesetzestafeln mit den zehn Geboten in Händen hält.

Noch einmal soll die PIN 4382 als Geschichte dargestellt werden. Ein Musikquartett, 4, spielt ein Stück klassischer Musik, dem Harry Potter, Ron Weasley und Hermine Granger, 3, andächtig lauschen. Plötzlich zaubert Ron ein Dirndl, eine Tracht, 8, herbei, die Hermine tragen soll. Die ist erzürnt und zaubert eine Schere, 2, hervor, die das Dirndl zerschneidet.

1 = Daumen, Baumstamm, Palme, Suppositorium
2 = »Victory«-Zeichen, berühmte Filmduos, Schere
3 = Dreirad, Dreizack, Heilige Drei Könige, drei Freunde Harry Potter,
      Ron Weasley und Hermine Granger
4 = Tier auf vier Beinen, Musikquartett, Beatles, Abba, Tokio Hotel,
      Kompass
5 = »Fünf-Freunde-Roman«, Rolling Stones, olympische Ringe

 6 = Lottoschein, Sex
 7 = Schneewittchen und die sieben Zwerge, sieben Brücken, Katze mit
       sieben Leben, sieben Hügel Roms
 8 = Wacht am Rhein, Tracht, Brille, Schneemann
 9 = Schwanz einer Katze
10 = Ei mit Eierlöffel, zehn Gebote

Beim Finden von Zahlensymbolen von 11 – 20 ist die Fantasie ganz beson- **Zahlensymbole von**
ders gefordert. Der Wissensschatz hält sicher eine Menge an Anregungen **11 – 20**
bereit. Zusätzlich kann man in der eigenen Biographie nach Ankerpunkten
suchen, in welchen Zusammenhängen man mit den gesuchten Zahlen
Kontakt hatte.

Die ELF besteht aus zwei gleichen Ziffern und könnte durch zwei gleiche
Dinge wie ein Paar Ski, ein Paar Schuhe oder ein Paar Stricknadeln dargestellt werden. Auch eigneten sich Zwillingspaare wie Alice und Ellen Kessler
oder das doppelte Lottchen. Fußballbegeisterte denken an eine Fußballmannschaft – »Elf Freunde sollt Ihr sein« – oder an berühmte Elfmeter.

Die ZWÖLF erinnert an einen Geist, der um Mitternacht durch das Haus
spukt, oder an die zwölf Apostel, wie sie im Bild von Leonardo da Vinci das
Letzte Abendmahl am Gründonnerstag mit Jesus einnehmen.

Die DREIZEHN bringt im Volksglauben Unglück. Ein nach unten geöffnetes Hufeisen, aus dem das Unglück herausfallen soll, könnte sie ebenso
darstellen wie ein Hotelflur, auf dem ein Zimmer mit der Nummer 13 meist
nicht vorhanden ist.

Die VIERZEHN erinnert an die Barockkirche Vierzehn Heiligen in Franken
oder an die 14 Englein, die im Nachtgebet in der Oper »Hänsel und Gretel« abends um das Bettchen der beiden stehen. Der Valentinstag, der
Tag der Verliebten, ist am 14. Februar, so dass auch ein Herz die Vierzehn
darstellen könnte.

Die FÜNFZEHN erinnert vom Wortklang her an das Wort fünf Zeh'n. Als
Symbol käme deshalb ein Fuß in Frage. Man könnte als Gedächtnisbrücke
auch den im 15. Jahrhundert geborenen Martin Luther bemühen.

Die SECHZEHN erinnert vielleicht an den Abschlussball in der Tanzschule, der mit 16 Jahren stattgefunden hat, oder an das Moped, das man
in diesem Alter fahren durfte. Cineasten könnten an den Kriminalfilm
»16 Uhr 50 ab Paddington« mit Miss Marple alias Margaret Rutherford
denken.

Als Symbol für die SIEBZEHN bietet sich Udo Jürgens an, der »Siebzehn
Jahr', blondes Haar« gesungen hat oder Peggy March, die mit dem Lied
»Mit Siebzehn hat man noch Träume« bei den deutschen Schlagerfest-

spielen 1965 den ersten Preis gewonnen hat. Auch wären Karten des Kartenspiels 17 und 4 eine gute Gedächtnisstütze.

Für die ACHTZEHN könnte der Führerschein stehen, den man in diesem Alter macht, oder ein Wahlschein, da man dann zum ersten Mal wählen darf.

Die NEUNZEHN prägt sich mit Hilfe eines Bildes der Journalistin Petra Gerster ein, die abends um 19 Uhr die Nachrichtensendung »Heute« moderiert. Auch könnte man sich das Grundgesetz vorstellen, das neunzehn Grundrechte enthält.

Für die ZWANZIG steht ein 20-Euro-Schein oder ein Bild von Theodor Zwanziger, dem Präsidenten des Deutschen Fußballbundes. Man könnte sich auch eine Charleston tanzende Künstlerin in entsprechendem Kleid vorstellen, die an die Goldenen Zwanziger Jahre erinnert.

Um neue Symbole zu entdecken, hilft es, in der eigenen Biographie nach Ankerpunkten zu suchen, da diese Symbole besonders gut haften bleiben. Auch sollten möglichst viele unterschiedliche Symbolreihen gefunden werden, um bei Bedarf auf Alternativen zurückgreifen zu können.

11 = Paar Ski, Paar Schuhe, Zwillingspärchen, Fußballmannschaft, Elfmeter
12 = Geist, Apostel
13 = nach unten geöffnetes Hufeisen
14 = Barockkirche 14 Heiligen, 14 Englein aus Hänsel und Gretel, Herz für Valentinstag am 14. Februar
15 = fünf Zehen, Luther
16 = Tanzschule, Moped, Film
17 = Udo Jürgens, Peggy March, Kartenspiel 17 + 4
18 = Führerschein, Wahlschein
19 = Nachrichtensendung »Heute«, Grundgesetz
20 = 20,– € Schein, Bild von Theo Zwanziger, Charleston-Tänzerin

Abspeichern eines Tagesablaufs mit Zahlensymbolen Normalerweise fallen täglich in der Apotheke vielfältige Aufgaben an. Unterschiedlich gestaltete Merkhilfen wie selbstgefertigte Zettel, Zeit- und Terminplaner, einzustellende Pieptöne im Handy helfen, keinen der Termine, keine der Aufgaben zu vergessen.

Mit Hilfe der Zahlensymbole gelingt es, sich die Aufgaben des Tages ohne schriftliche oder akustische Merkhilfe einzuprägen.

 8 Uhr: Tageskasse erledigen
 9 Uhr: Wichtigen Anruf beim Arzt tätigen
10 Uhr: Bestellung für die Firma Bayer erledigen
11 Uhr: Quarantäneabteilung im Labor auf zu erledigende Arbeiten überprüfen

12 Uhr: Rückrufe in der Pharmazeutischen Zeitung kontrollieren
 1 Uhr: Mittagessen
 2 Uhr: Mittagsschläfchen
 3 Uhr: Kuchen für das Team besorgen
 4 Uhr: Unterlagen für den Steuerberater vorbereiten
 5 Uhr: Insulinpackungen im Kühlschrank kontrollieren
 6 Uhr: Rezepte bearbeiten
 7 Uhr: Blumen für daheim kaufen

Mit Hilfe der Zahlensymbole lassen sich Aufgaben abspeichern. Die Aufgabe besteht darin, eine Verbindung zwischen dem Symbol der Ziffern und der auszuführenden Tätigkeit herzustellen. Haken und Begriff werden so miteinander »verbildert«.

In Abb. 27 ist der Tagesablauf abgebildet. Um 8 Uhr soll die Tageskasse erledigt werden. Man stellt sich eine überdimensionale Sanduhr, 8, vor, durch welche klickernd Geld rieselt. Der Anruf beim Arzt um 9 Uhr wird dadurch erinnert, dass man in Gedanken versucht, am Telefon die Nummer mit einer Trillerpfeife, 9, zu wählen, was nicht ganz einfach ist. Auf der Trillerpfeife ist als Symbol für den Arzt ein Äskulapstab abgebildet. Die um 10 Uhr zu erledigende Bestellung bei der Firma Bayer speichert man mit der Vorstellung ab, Billard, 10, mit einem Bayerkreuz zu spielen. Die Kontrolle im Labor um 11 Uhr vergisst nicht, wer in Gedanken im eigenen Labor Ski, 11, fährt, was aufgrund der langen Ski und der Enge dort nicht ganz einfach ist. Ein auf dem Titelblatt der Pharmazeutischen Zeitung sitzender Geist, 12, erinnert an das Bearbeiten der Rückrufe um 12 Uhr. Um 1 Uhr soll das Mittagessen stattfinden. Wenn der knurrende Magen

Tageskasse erledigen Wichtigen Anruf tätigen Bestellung Bayer Labor überprüfen
Geld rieselt durch die Sanduhr Nummer mit Trillerpfeife wählen Billardkugel Bayerkreuz Mit Skiern durchs Labor

PZ lesen Mittagessen Nickerchen Kuchen besorgen
Geist sitzt auf PZ Bleistift in Linsensuppe Kopf zwischen Flügeln Kuchen mit Kleeblättern

Termin mit Steuerberater Insuline überprüfen Rezepte kontrollieren Blumen kaufen
Steuerberater/ Bürostuhl Hand mit Insulinfläschchen Elefant trompetet Rezepte Blümchenfahne

Abb. 27:
Abspeichern eines
Tagesablaufs

allein nicht ausreicht, sich daran zu erinnern, hilft ein Bleistift, 1, der aus einem gefüllten Suppenteller ragt. Für den Mittagsschlaf um 2 Uhr stellt man sich vor, wie man den Kopf sanft und weich zwischen den Flügeln eines Schwans, 2, bettet. Das Kuchenholen um drei Uhr vergisst nicht, wer an eine Platte mit Streuselkuchen denkt, aus der lauter dreiblättrige Kleeblätter, 3, wachsen. Die Erledigung der Aufgaben für den Steuerberater um 4 Uhr speichert man ab, indem man den bekannten Steuerberater auf den apothekeneigenen Bürostuhl, 4, setzt. Die Kontrolle des Insulinvorrats um 5 Uhr gelingt leicht, wenn man sich die Finger der eigenen Hand, 5, als Insulinfläschchen vorstellt, die durch Bewegung der Finger gegeneinander klicken. An die Kontrolle der Rezepte um 6 Uhr erinnert man sich mit dem Gedanken an einen Elefanten, 6, der laut mit dem Rüssel trompetet und dabei die wertvollen Rezepte in die Luft bläst. Selbst der Blumenkauf gelingt, wenn man sich vorstellt, beim Verlassen der Apotheke mit einem geblümten Fähnchen, 7, zu winken.

Abspeicherung eines weiteren Tagesablaufs

8 Uhr: Schilder im Notdienstkasten ändern
9 Uhr: Zwei bestellte Rezepturen anfertigen
10 Uhr: BTM Kartei aktualisieren
11 Uhr: Rezepturen taxieren
12 Uhr: Arzneimittel für den Botendienst vorbereiten
1 Uhr: In der Mittagspause im Lebensmittelmarkt einkaufen
2 Uhr: Ausruhen und Kaffeetrinken
3 Uhr: Schmelzpunktbestimmungen im Labor durchführen
4 Uhr: Kosmetikfreiwahl auf Defekte kontrollieren
5 Uhr: Nasensalbe als Defektur herstellen
6 Uhr: Übervorräte auffüllen
7 Uhr: Kinokarten für das Wochenende auf dem Heimweg kaufen

Dieser Tagesablauf könnte mit Hilfe der Zahlensymbole folgendermaßen abgespeichert werden:

Um 8 Uhr sollen die Schilder im Notdienstkasten geändert werden. Man stellt sich eine Sanduhr vor, deren Deckel und Boden die Schilder des Notdienstkastens der eigenen Apotheke sind. Dass zwei Rezepturen um 9 Uhr gerührt werden müssen, lässt sich dadurch einprägen, dass der Unguator/Topitec das laute Geräusch einer Trillerpfeife von sich gibt. Um 10 Uhr soll die BTM-Kartei aktualisiert werden. Man stellt sich vor, mit dem Aktenordner der BTM-Kartei oder mit der entsprechenden CD Billard zu spielen. Das Taxieren der Rezepturen um 11 Uhr wird nicht vergessen, wenn man auf ein Paar Ski zwei Kruken stellt und unter die Kufen Rezepte klebt. Das Skifahren fällt damit schwer. Um 12 Uhr sollen Arzneimittel für den Botendienst vorbereitet werden. Man begibt sich in Gedanken an den dafür vorgesehenen Platz. Dort tanzen kleine Geister mit den für den Versand vorgesehenen Tüten Ringelreihen. Um 1 Uhr sollen in der Mittagspause private Einkäufe im Supermarkt getätigt werden. Man halte dazu einen überdimensionalen Bleistift in der Hand und fahre mit dem Finger über die reliefartige Schrift des Namenszugs des Marktes auf dem Bleistift. Das geplante Kaffeetrinken um 2 Uhr bedarf wahrscheinlich keiner Merkhilfe. Sollte sie dennoch benötigt werden, so denkt man an einen kaffeebraunen Schwan. Um 3 Uhr steht die Schmelzpunktbestimmung im Labor an. Man holt in Gedanken die dafür benötigte Apparatur und wundert sich, dass sie über und über mit Kleeblättern beklebt ist. Für 4 Uhr ist die Kontrolle der Kosmetikfreiwahl vorgesehen. Man prägt sich Zeitpunkt und Tätigkeit dadurch ein, dass man sich vorstellt, auf einem Stuhl vor der Freiwahl zu sitzen und diese intensiv zu betrachten. Um 5 Uhr soll die häufig verlangte Nasensalbe als Defektur hergestellt werden. Dies wird zuverlässig erinnert, wenn man in Gedanken mit den Fingern die eigene Nase intensiv mit der Nasensalbe massiert. Dabei schnuppert man eindrucksvoll den Geruch der Salbe nach Menthol oder Zitronenöl. Man merkt sich das Auffüllen der Übervorräte um 6 Uhr mit Hilfe des Elefanten, auf dessen Rücken man ins Lager reitet, um die aufzufüllenden Packungen zu holen. Für den geplanten Kauf der Kinokarten für das Wochenende um 7 Uhr hilft das Fähnchen. Beim Halten in der Hand verspürt man im Handteller, dass die Halterung mit einer Filmspule umwickelt ist.

Die Zahlensymbole, mit denen man am besten arbeiten kann, sind die, die man selbst gefunden hat. Hier hilft es, die eigene Biographie nach möglichen Ankerpunkten zu durchleuchten. So könnte die Ziffer sechs oder sieben, je nach Lebenslauf, mit der Tüte des ersten Schultags verbunden werden, und die achtzehn oder neunzehn mit dem Abschlusszeugnis. Der eigene Geburtstag oder andere wichtige Jahrestage eignen sich ebenso.

Das Trainieren der Zahlensymbole

Der Einsatz der Zahlensymbole wird zweierlei Anforderungen gerecht. Zum einen lassen sich Sachverhalte in einer bestimmten Reihenfolge erfolgreich abspeichern. Zum anderen ist das wiederholte Erschaffen von Bildern und Geschichten ein hervorragendes Training der rechten Gehirnhälfte. Dieses Training lässt sich täglich ohne großen Aufwand durchführen.

Das Abspeichern einer Ziffernfolge lässt sich, wie bereits erwähnt, gut vor der roten Ampel oder in einem Stau üben, indem man die Ziffernfolge auf dem Kennzeichen des vorderen Autos in eine Geschichte verwandelt.

Training im Alltag

Das Abspeichern von Sachverhalten lässt sich auch beim Lesen der Tageszeitung oder beim Verfolgen von Nachrichtensendungen üben. Wie häufig muss man am Ende einer Sendung, am Ende der Zeitungslektüre feststellen, dass man eigentlich nur wenige Inhalte wiedergeben könnte, wenn man danach gefragt würde.

Das hat häufig mit mangelndem Interesse und/oder mangelnder Aufmerksamkeit zu tun. Mit Hilfe der Zahlensymbole kann man sich jedoch vornehmen, mindestens fünf Sachverhalte so abzuspeichern, dass man sie in der richtigen Reihenfolge wiedergeben kann. Das kommt sowohl der eigenen Gedächtnisleistung zu Gute als auch der Allgemeinbildung.

Natürlich bietet es sich ebenfalls an, behaltenswerte Inhalte der Fachpresse so für sich zu memorieren. Der zu erinnernde Sachverhalt wird mit dem Zahlensymbol in einem gemeinsamen Bild verknüpft beziehungsweise »verbildert«.

Zahlensymbole in der Arzneimittelberatung

Bei der Abgabe von Doxycylin als Erstverordnung an eine junge Frau sind vier Beratungshinweise nötig. Diese lassen sich folgendermaßen bildhaft einprägen:

1. Hinweis auf die richtige Dosierung: Bleistift
   Per Bleistift wird in Gedanken die richtige Dosierung in die Arzneimittelpackung geritzt – bei einem Gewicht über 70 kg täglich 200 mg, bei einem Gewicht unter 70 kg am ersten Tag 200 mg, dann täglich 100 mg.
2. Zweistündiger Zeitabstand zu Milch, Milchprodukten und polyvalenten Kationen: Schwan
   Ein weißer Schwan schwimmt in einer Schale mit weißer Milch. Er trägt eine Uhr um den Hals.
3. Beeinträchtigung des Konzeptionsschutzes hormoneller Kontrazeptiva: Dreizack
   Ein Blister aus einer Packung oraler Kontrazeptiva wird von einem Dreizack aufgespießt und zerstört.
4. Warnung vor Sonnenbank: Stuhl
   Der Deckel der Sonnenbank lässt sich nicht schließen, da auf der Glasfläche ein Stuhl steht.

Beim Teilen von Transdermalen Therapeutischen Systemen entstehen folgende Probleme:

1. Spitze Ecken lösen sich leichter: Bleistift
   Mit einem Bleistift fährt man unter die sich lösenden Ecken und löst sie weiter ab.
2. Die Klebefläche wird eingeschränkt: Schere
   Das Pflaster klebt beim Teilen an den Klingen der Schere. Die Klebefläche verklebt.
3. Das Wirkstoffreservoir kann auslaufen: Brei
   Unter dem aufgeklebten Pflaster quillt ein Brei heraus.
4. Die sachgemäße Aufbewahrung der zweiten Hälfte ist nicht gesichert: Tisch
   Auf einem Tisch liegen wahllos Pflaster und Pflasterhälften.
5. Die Verringerung des Wirkstoffgehalts ist nicht gesichert: Hand
   Das kann man logischerweise an den fünf Fingern einer Hand abzählen.

6. Das Zerschneiden ist immer Off-label-use und nicht durch die Zulassung abgesichert: Hex
   Das ist keine rationale Arzneitherapie, sondern Hexerei.

Man muss unzweifelhaft trainieren, Bilder möglichst schnell zu finden. Man sollte keine Gelegenheit auslassen, dies zu üben. Mit der Zeit wird man merken, wie sich diese Fähigkeit und die eigene Schnelligkeit verbessern. Ob das Bild gut und stimmig ist, lässt sich beim Wiederholen schnell feststellen. War das Bild gut, »sitzt« es. War es nicht gut, sitzt es nicht und es muss ein neues gesucht werden.

Die Bilder lassen sich mit kleinen Zetteln zum Beispiel am Badezimmerspiegel beim morgendlichen Zähneputzen wiederholen.

Man darf auch nicht vergessen, dass die Inhalte nach erfolgreich durchgeführtem systematischem Wiederholen in das Langzeitgedächtnis eingegangen sind und man die Bilder wieder vergessen kann. Sie sind jedoch äußerst hilfreich, um die notwendigen Wiederholungen zeitsparend und amüsant zu gestalten. Denn alles, was man mit einem Schmunzeln auf den Lippen lernt, bleibt besser haften.

> »Stets findet Überraschung statt, da, wo man's nicht erwartet hat.«
> Wilhelm Busch, deutscher Dichter (1832 – 1908)

Testen Sie Ihr Wissen, verarbeiten Sie die Inhalte, bevor Sie weiterlesen! **Test**
Beantworten Sie folgende Fragen am besten laut murmelnd:
- An welche Zahl erinnert Sie der Elefant?
- Nennen Sie Symbole für die Zahl 11!
- Übersetzen Sie die Ziffernfolge 8923 in eine Geschichte!
- Speichern Sie fünf Termine mit Hilfe der Zahlenmethode ab!
- Nennen Sie sechs Gründe, die gegen das Teilen von TTS sprechen!

3.5 Das Mobileprinzip

Das Langzeitgedächtnis speichert laufend neue Informationen ab. Wie bereits ausgeführt, misslingt das Abrufen häufig, wenn die Information zuvor nicht richtig abgelegt worden ist. Mangelnde Wiederholungen können daran schuld sein. Ein zweiter wichtiger Grund ist das praktisch wahllose Ablegen einer Information an irgendeinem Ort im Gedächtnisspeicher.

Ordnung beim Einsortieren neuer Lerninhalte

Man kann sich leicht vorstellen, dass es nahezu unmöglich wäre, ein bestimmtes Buch in einer Bibliothek zu finden, wenn es wahllos in irgendeinem Regal aufbewahrt würde. Zum besseren Auffinden werden neue Bücher nach bestimmten Kriterien einsortiert, wobei der fachliche Zusammenhang mit einem Themengebiet meistens den Ausschlag gibt, Reisebeschreibungen stehen bei Reisebeschreibungen und Krimis bei Kriminalromanen. Auch Lerninhalte sollten so im Langzeitgedächtnis gelagert werden, dass verwandte Fakten zusammen aufbewahrt werden.

Eine sehr gute, übersichtliche Technik, Zusammenhängendes einzusortieren, gelingt mit der Mobile-Methode (26). Beratungsinhalte werden hierarchisch geordnet und wie in einem Mobile aufgehängt. Übergeordnete Strukturen hängen höher, untergeordnete Strukturen und feinere Details tiefer.

Die Mobile-Methode wird an verschiedenen Beispielen erläutert.

Beratung von stillenden Müttern/ Schreibabys

Babys, die in den ersten Lebensmonaten häufig schreien, sind eine Herausforderung für junge Eltern. Häufig lassen sich die Kinder auch durch intensive Zuwendung nicht beruhigen. Eltern und Kinder finden Tag und Nacht keine Ruhe mehr. Eine gewisse Verzweiflung der Eltern ist bei aller Freude über den Nachwuchs nach einiger Zeit nicht mehr zu übersehen, zumal, wenn das Trinken von Fencheltee und die Bauchmassage mit Kümmelöl langfristig nur mäßigen Erfolg bringen.

Mit Hilfe des in Abb. 28 dargestellten Mobiles lassen sich die möglichen Beratungsinhalte einfach und vollständig mit der ratsuchenden, stillenden Mutter besprechen. Als Auslöser der Beschwerden kommen Fakten in Frage, die entweder mit der Mutter oder mit der Milch in Zusammenhang gebracht werden können.

Lebensumstände der Mutter als Auslöser der Beschwerden

Lebt die Mutter in einer Umgebung, die von Unruhe und Spannungen geprägt ist, kann das beim Kind ebenso zu Beschwerden führen wie Rauchen in der Wohnung, in der Mutter und Kind leben. Hier ist der unbedingte Rat nötig, dass auf keinen Fall in der Wohnung geraucht werden darf und überlegt werden muss, wie sich Spannungen und Unruhe abbauen lassen und der Tagesablauf sowohl für die Mutter als auch für das Kind ruhiger gestaltet werden kann.

Die Milch als Auslöser der Beschwerden

Sehr häufig ist die Milch der Mutter für die Unverträglichkeiten verantwortlich. Wenn das Kind sehr großen Hunger verspürt, kann das zu einer Trinkhast führen, bei der viel Luft geschluckt wird. Diese Luft ist dann für die Bauchschmerzen verantwortlich. Hier kann helfen, dass das Kind häufiger angelegt wird, damit der Hunger zwischen den Mahlzeiten nicht zu groß wird. Weiterhin ist hilfreich, den Milchspendereflex manuell auszulösen, damit das Kind am Anfang nicht zu stark saugen muss und dabei wieder Luft verschluckt.

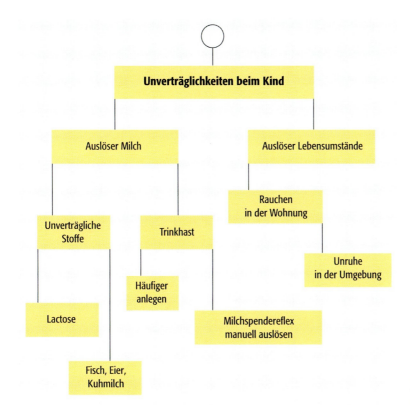

Abb. 28:
Das Mobile-Prinzip

Auch in der Milch vorhandene Stoffe können Unverträglichkeiten hervorrufen. Das ist zum einen die in der Milch vorhandene Lactose. Da diese vor allem in der ersten Milch vorhanden, sollte bei Problemen immer nur eine Brust gegeben werden, um die Gesamtaufnahme an Lactose bei einer Mahlzeit so gering wie möglich zu halten. Im Bedarfsfall ist das Kind dann häufiger anzulegen, damit es satt wird.

Zum anderen können Unverträglichkeiten auch mit der Nahrungsaufnahme der Mutter zusammenhängen. Unverträglichkeiten äußern sich beim Kind häufig, wenn die Mutter Kuhmilch, Eier und Fisch genossen hat. Die Mutter sollte diese Lebensmittel austesten und Tagebuch darüber führen, was sie isst, um den individuellen Auslösern auf die Spur zu kommen. Blähende Lebensmittel wie Zwiebeln oder Kohl führen ebenfalls häufig zu Bauchschmerzen und damit zu Schreien bei gestillten Kindern.

Antibiotika können den Konzeptionsschutz hormonaler Kontrazeptiva infrage stellen. Die ABDA-Datenbank empfiehlt in diesem Fall einen zusätzlichen nicht-hormonellen Konzeptionsschutz über die Pillenpause hinaus, bis die Tabletten eines neuen Blisters eingenommen werden.

Beratung zur Interaktion hormonaler Kontrazeptiva mit Antibiotika

Die Hintergründe für die Beratung sind in dem Mobile in Abb. 29 dargestellt.

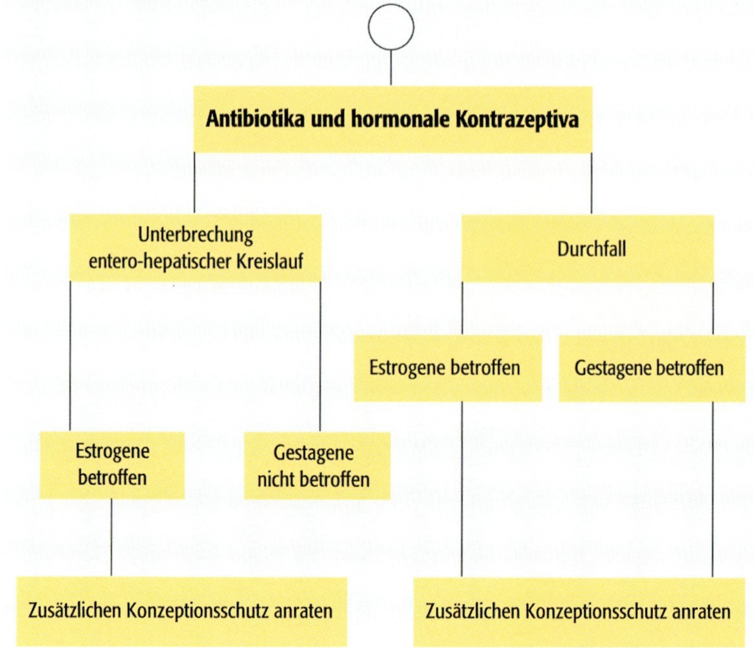

Antibiotika und hormonale Kontrazeptiva

Unterbrechung
entero-hepatischer Kreislauf

Durchfall

Estrogene betroffen

Gestagene betroffen

Estrogene
betroffen

Gestagene
nicht betroffen

Zusätzlichen Konzeptionsschutz anraten

Zusätzlichen Konzeptionsschutz anraten

Abb. 29:
Das Mobile-Prinzip

Antibiotika schädigen die intestinale Darmflora. Diese Schädigung hat zweierlei Auswirkungen. Zum einen kommt es durch die Verringerung der Bakterienzahl zu einer Unterbrechung des entero-hepatischen Kreislaufs der Estrogene. Diese werden nach Metabolisierung zu Estrogenglukoroniden in der Leber nicht sofort durch den Darm ausgeschieden. Ein Teil wird durch eine intakte Darmflora gespalten und rückresorbiert. Bei Schädigung der Darmflora jedoch bleiben Spaltung und damit Rückresorption aus. Die daraus resultierende Erniedrigung des Estrogenspiegels betrifft nicht nur orale Kontrazeptiva, sondern auch die aus dem TTS Evra® abgegebenen Estrogene, so dass auch hier der Konzeptionsschutz in Frage gestellt sein kann. Gestagene unterliegen keinem entero-hepatischen Kreislauf.

Auch kann die Schädigung der Darmflora zu einer Überwucherung mit dem pathogenen Keim Clostridium difficile führen, der für Diarrhö verantwortlich sein kann. Unter Diarrhö versteht man bekanntlich eine beschleunigte Darmpassage, durch die ein höherer Prozentsatz an Estrogenen und Gestagenen ausgeschieden wird.

Auch wenn sich die Frage nach der klinischen Relevanz der Beeinträchtigung des Konzeptionsschutzes stellt, muss der Patientin geraten werden, in jedem Fall zusätzlich zu verhüten, denn sicher ist sicher.

Das Mobile zur Pharmakotherapie der Migräne ist in Abb. 30 dargestellt. Als Grundlage dient das leitliniengerechte Stufenschema.

Beratung zum Stufenschema Behandlung der Migräne

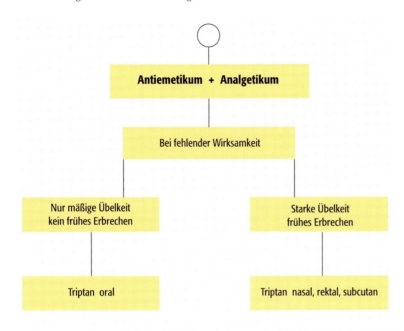

Abb. 30:
Das Mobile-Prinzip

Auf der ersten Stufe wird die Gabe nicht-steroidaler Antirheumatika wie ASS (ED 1000 mg), Paracetamol (ED 1000 mg), Ibuprofen (ED 200–600 mg), Naproxen (500-1000 mg) oder Diclofenac (50-100 mg) empfohlen. Je nach Arzneistoff sind parenterale, rektale Zubereitungen oder Brause-, Kautabletten zu bevorzugen. Eine Kombination von ASS, Paracetamol und Coffein scheint wirksamer zu sein als die Kombination ohne Coffein oder die Gabe der Einzelsubstanzen.

Zur Linderung der gastro-intestinalen Symptome und zur Wiederanregung der zu Beginn der Migräneattacke zum Erliegen gekommenen Magenperistaltik sollte eine gleichzeitige Gabe von Antiemetika wie Metoclopramid (10–20 mg) oder Domperidon (20–30 mg) erfolgen.

Bei fehlender Wirksamkeit wird nach zweiter Stufe therapiert. Ist die Übelkeit nur mäßig und kommt es zu keinem frühen Erbrechen, können alle oralen Triptane eingesetzt werden. Bei starker Übelkeit und bei frühem Erbrechen muss der Magen-Darm-Trakt bei der Arzneistoffapplikation umgangen werden. Sumatriptan kann subcutan, nasal oder rektal gegeben werden, Zolmitriptan ebenfalls nasal.

Test Testen Sie Ihren Lernerfolg, verarbeiten Sie die Inhalte, bevor Sie weiterlesen! Beantworten Sie folgende Fragen am besten laut murmelnd:

- Welche Lebensumstände der Mutter können beim Baby zu Beschwerden führen?
- Wodurch können Antibiotika die Wirkung oraler Kontrazeptiva beeinträchtigen?
- Zeichnen Sie das Mobile »Stufenschema bei Migräne«!

3.6 Die Lokalisationsmethode

Die Bedeutung in der Geschichte

Die Lokalisationsmethode leitet ihren Namen von dem lateinischen Wort für »Platz« oder »Ort« gleich »locus« ab. Sie ist eine bekannte Mnemotechnik, die praktisch von allen Gedächtnissportlern verwendet wird. Man nennt sie auch die »Routenmethode«. Sie ist die wichtigste Methode, die seit Antike und Mittelalter bis heute vielfältig benutzt wird. Sie fußt auf der Zuordnung von Bildern zu spezifischen Orten eines strukturierten Raumes.

Die in Kapitel 1.2 beschriebene Geschichte des Simonides, der nach Einsturz des Hauses seines Gastgebers an Hand der Sitzplätze die Toten identifizieren konnte, veranschaulicht diese Technik. Cicero erkannte, dass die Gedächtnisleistung des Simonides auf zwei Dingen fußt, dem visuellen Sinn, der Bilder aufnimmt, und dem Ordnungssinn, der diese Bilder in eine festgelegte, logische Reihenfolge bringt. Von Cicero ist bekannt, dass er sie bei seinen oft mehrere Stunden dauernden Reden verwendete. Er benutzte dabei die markanten Gebäude Roms, in denen er die unterschiedlichen Inhalte seiner Rede bildhaft ablegte. Während der Rede flog er in Gedanken die Gebäude in einer festgelegten Reihenfolge ab und erinnerte so die Inhalte oder er orientierte sich an den Säulen des Forum Romanum (4,6).

Das Erlernen der Technik

Es wird nur wenig Aufwand benötigt, diese Technik zu erlernen. Sie beruht auf einer »Pärchenbildung« wie in Kap. 2.5 ausführlich beschrieben. Gedächtnisinhalte werden festen Orten zugeordnet und mit ihnen mnemotechnisch als Pärchen verknüpft. Für jeden Inhalt wird ein eigener Platz reserviert. Mehrere Plätze werden dann in eine festgelegte Reihenfolge gebracht. Bei der Wiedergabe ist diese Reihenfolge genau einzuhalten, so dass eine fixe Struktur entsteht. Das bildhafte Vorstellen sollte dabei auf möglichst bizarre oder kuriose Weise erfolgen, da man sich das Bild dann bei Bedarf besser wieder ins Gedächtnis zurückrufen kann (2).

Als fixe Strukturen bieten sich mehrere Alternativen an. Es könnte ein wohlbekannter Spazierweg sein, an dem man in Gedanken markante Punkte wie Gebäude, Park, Straßenkreuzung, Geschäfte, Zebrastreifen, Verkehrsampel kennzeichnet. Die Reihenfolge ergibt sich aus der realen Abfolge beim Spaziergang. Es versteht sich von selbst, dass der Spaziergang sehr vertraut sein muss, man ihn wie »im Schlaf« gehen kann und die markierten Punkte in immer der gleichen Reihenfolge passiert. Man erstellt so einen individuellen Routenplaner.

Fixe Strukturen als Ankerpunkte

Als weitere Möglichkeit kann man sich selbst einen »Gedächtnispalast« einrichten (Abb. 31). Man überlegt, ob es ein Haus gibt, in dem man sich gut auskennt. Es könnte das Haus sein, in dem man wohnt, in dem man als Kind gewohnt hat oder in dem man gegenwärtig arbeitet. Man beginnt im Keller und legt dort eine Abfolge der einzelnen Räume fest. Beispielsweise führt der Rundgang zunächst in den Vorratskeller, über Heizungskeller, Waschküche, in den Fahrradkeller. Nun betrachtet man die Räume des Erdgeschosses und legt wiederum eine bestimmte Reihenfolge fest, wie zum Beispiel nach dem Alphabet erstens Arbeitszimmer, zweitens Esszimmer, drittens Flur, viertens Küche, fünftens Wohnzimmer. Danach geht man in den ersten und den zweiten Stock und betrachtet diese Räume in

Abb. 31:
Der Gedächtnispalast

einer festgelegten Reihenfolge. Voraussetzung ist, dass man die Details der Räume, die Einrichtung und Funktion gut kennt.

Ist das eigene Haus durchschritten, bieten sich die Nachbarhäuser als Ankerpunkte an und weiterhin die Häuser der gesamten Straße. Diese Methode wird häufig von Gedächtnissportlern benutzt, die sich in unglaublicher Geschwindigkeit die exakte Reihenfolge eines oder gar mehrerer Kartenspiele einprägen. Für jede Karte wird ein Symbol gefunden. Jede Karte wird mit dem Aussehen, der Funktion des Raums verknüpft und dann in der vorher festgelegten Reihenfolge der Räume erinnert.

Etwas weniger komplexe Ankerpunkte ergeben sich durch das gedankliche Abschreiten eines Raumes der eigenen Wohnung. Hier könnte die Betrachtung seiner Begrenzungen und die Einbeziehung des Mobiliars in festgelegter Reihenfolge helfen, Gedächtnisinhalte sicher abzuspeichern. Auch hier müssen eindeutige Plätze in eindeutiger Reihenfolge ausgewählt werden.

Auch lassen sich bekannte Gemälde, Gebäude, Fotografien, der menschliche Körper, Gegenstände wie Autos oder eine Häuserfassade zum Abspeichern umfunktionieren.

Der Fantasie sind hier keine Grenzen gesetzt. Das ist auch gut so, da neue Lerninhalte nach neuen Ankerpunkten verlangen. Insgesamt sollten maximal zehn Inhalte in einer Struktur abgelegt werden. In der Regel kann man sich etwa 7 plus/minus 2 Inhalte merken (2), so dass die Zehnerregel den natürlichen Voraussetzungen für die Aufnahme nahe kommt.

Zunächst wird das Abspeichern mit Hilfe der Lokalisationsmethode an alltäglichen Inhalten geübt. Dann erfolgt die Übertragung auf die Pharmazie.

Übung:
Das Abspeichern einer
Einkaufsliste mit Hilfe
eines Gemäldes

Es sollte ein Gemälde gewählt werden, das sehr vertraut ist. Vielleicht hängt es in der eigenen Wohnung, vielleicht hat es in einer Ausstellung im Museum tiefen Eindruck hinterlassen, vielleicht betrachtet man oft eine Postkarte davon.

Am Beispiel des um 1808 entstandenen Bildes »Kreidefelsen auf Rügen« von Caspar David Friedrich (1774 – 1840) soll das Abspeichern einer Einkaufsliste gezeigt werden, die folgende Produkte umfasst: Orangen, Käse, Waschmittel, Steak, Kerzen, Knoblauch (Abb. 32).

In dem Bild imponieren besonders zwei steil aufragende Spitzen des weißen Kreidefelsens. Man könnte sich vorstellen, auf der linken Spitze eine Kerze so zu platzieren, dass die Spitze als Kerzenflamme leuchtet. Auf der rechten Spitze ließe sich eine Orange ausquetschen, so dass der

Einkaufsliste
Orangen Käse Waschmittel Steak Kerzen Knoblauch

Abb. 32:
Kreidefelsen auf Rügen:
Einkaufsliste

Saft an der weißen Felsspitze herunterläuft und ein betörendes Orangenaroma verbreitet. Auf der linken Seite des Bildes sitzt eine Frau, die mit ihrem Finger auf den Abgrund deutet. Dieser Finger könnte auch auf eine Knoblauchzehe zeigen, die sich dort auf dem Boden befindet. Worauf die Frau sitzt, ist auf dem Bild nicht genau zu erkennen. Es spräche also nichts dagegen, sie auf einem Waschmittelkarton sitzen zu lassen. In der Mitte des Bildes scheint ein Mann etwas auf dem Boden zu suchen. Bei genauerer Betrachtung könnte es ein Stück Käse sein, der zusätzlich beeindruckend riecht.

An der rechten Bildseite steht ein Mann mit einer eigenartigen braunen Kopfbedeckung. Sie entpuppt sich überraschend als rohes Steak, das der Mann auf dem Kopf trägt.

Wem die Vorstellung, ein Steak auf dem Kopf zu tragen, nicht behagt, muss eine andere Stelle in dem Bild suchen, um das Steak zu platzieren. Jeder muss eigene Erfahrungen mit der Bildersuche machen. Der eine wird Bilder, die ihm zuwider sind, nicht behalten wollen, der andere wird gerade das Absurde gut behalten.

Die merkwürdige Verballhornung dieses wunderschönen Gemäldes möge Caspar David Friedrich verzeihen.

Durch das Abspeichern von Einkaufslisten lässt sich diese Gedächtnistechnik gut üben. Es sollten dabei mehrere Bilder, die man gut kennt, zur Verfügung stehen, da ein Bild durch die darauf abgespeicherte Einkaufsliste sozusagen eine Zeitlang besetzt ist. Da die Einkaufsliste von vorgestern übermorgen nicht mehr aktuell ist, wiederholt man sie nicht. Das besetzte Bild wird wieder frei.

Das Abspeichern von Einkaufslisten entweder nach Aufhängeprinzip oder nach Lokalisationsmethode ist eine glänzende, einfache Möglichkeit, das Erzeugen von Bildern zu trainieren. Durch das Training wird nicht nur das Erzeugen an sich geübt, sondern vor allem die Schnelligkeit, mit der ein gutes Bild entsteht. Erst wenn es gelingt, Bilder ohne Mühe, ohne sich besonders anzustrengen, mit einer gewissen Schnelligkeit und Leichtigkeit aus der Fantasie sprudeln zu lassen, ist die Methode alltagstauglich.

Beispiele für berühmte Gemälde

Als Beispiele eignen sich andere berühmte, gegenständliche Gemälde wie »Die Geburt der Venus« von Botticelli, »Das Flötenkonzert von Sanssouci« von Adolph Menzel, die »Seerosen« von Claude Monet, »Der arme Poet« von Carl Spitzweg, »Nighthawks« von Edward Hopper oder die Portraits von Andy Warhol (Abb. 33). Ebenfalls können Bilder der eigenen Wohnung oder Postkarten verwendet werden. Hier sind der Fantasie keine Grenzen gesetzt. Auch kann man dadurch den eigenen Horizont erweitern und neue Bilder und Maler kennenlernen. Wenn man im Internet oder im Lexikon nachschaut, kann man viele Bilder präzise verwenden.

Beispiel Ernährungsberatung bei Reflux, Ulkus, Ösophagitis

Bei verschiedenen Erkrankungen des Magens kann die Arzneitherapie durch geeignete Ernährung sinnvoll unterstützt werden. Alkohol, Fette, stark saure und stark süße Lebensmittel und Kaffee sind wirkungsvolle

»Die Geburt der Venus« von Botticelli

die »Seerosen« von Claude Monet

»Das Flötenkonzert von Sanssouci« von Adolph Menzel

»Der arme Poet« von Carl Spitzweg

Abb. 33: Berühmte Bilder

Säurelocker. Deshalb sollte der Verzehr stark eingeschränkt werden. Scharf gewürzte Speisen, sehr Heißes, sehr Kaltes und stark zuckerhaltige Lebensmittel werden ebenfalls schlecht vertragen. Das Abspeichern wird wieder mit den »Kreidefelsen auf Rügen« vorgenommen (Abb. 34).

Abb. 34:
Kreidefelsen auf Rügen:
Ernährungsberatung
Magenerkrankungen

Die linke, in die Luft ragende Felsspitze ist knallrot, da dort eine aufgeschlitzte Chilischote als Symbol für etwas sehr Scharfes aufgesteckt ist. Beim Anblick brennt es höllisch im Mund.

Auf der rechten Felsspitze steckt längs eine Currywurst, aus der das Fett tropft. Man riecht die gebratene Currywurst förmlich und denkt daran, Fette in der Ernährung zu reduzieren. Das tropfende Fett unterstützt das Bild des Reduzierens.

Die Dame links im Bild sitzt auf einer Packung Zucker, auf der groß eine Zitrone prangt. Dieses Bild hilft, sich zu erinnern, dass Süßes und Saures gemieden werden soll. An ihrer rechten Hand will sie zu einer dort stehenden Tasse Kaffee greifen, die intensiven Kaffeeduft verbreitet, zur Erinnerung, dass Kaffee ein Säurelocker ist.

Der auf dem Boden kniende Mann sucht ein verlorenes Thermometer. Es erinnert daran, dass sehr Heißes und sehr Kaltes vermieden werden soll.

Der Mann am rechten Bildrand wendet sich ein wenig verschämt ab, weil niemand sehen soll, dass er eine Flasche Schnaps in Händen hält, aus der er regelmäßig trinkt. Der Schnaps wird deshalb versteckt, weil Alkoholgenuss bei Magenerkrankungen verboten ist.

Die Lokalisations-methode mit Hilfe von Bauwerken

Ebenso wie Gemälde werden Bauwerke zur Abspeicherung von Gedächt-nisinhalten nach der Lokalisationsmethode verwendet. Als Beispiele eig-nen sich Bauwerke, die man aus der eigenen Biographie gut kennt oder oft in den Medien gesehen hat. An dem Bauwerk sucht man wiederum nach markanten Besonderheiten, die sich als Ankerpunkte gut speichern lassen.

Beispiel Kontraindika-tionen und wichtige Interaktionen von ASS

Als Gebäude zur Gedächtnisspeicherung der Kontraindikationen und wich-tigen Wechselwirkungen von ASS vor allem in der 500 mg Dosierung eignet sich der Bundestag in Berlin (Abb. 35).

Abb. 35:
Bundestag in Berlin:
Beratung ASS

An dem Gebäude fallen auf den ersten Blick die Fahnenmasten auf den beiden Türmen rechts und links und der Mast im Vordergrund auf. Auch die Glaskuppel imponiert. Hier sollen die Kontraindikationen abgelegt werden.

Zu den wichtigen Kontraindikationen zählt Asthma, da ein nicht geringer Prozentsatz der Asthmatiker mit einem Anfall auf die Einnahme von ASS reagieren kann. Als Gedächtnisstütze weht – wie merkwürdig – am linken Fahnenmast statt einer Fahne eine übergroße Lunge heftig im Wind.

Weitere Kontraindikationen für ASS sind Magenerkrankungen wie Ulkus, Sodbrennen und Reflux. Die durch ASS hervorgerufene Hemmung der Prostaglandinsynthese bewirkt im Magen die Hemmung der Bildung von schleimhautschützendem Magenschleim, so dass ASS ulcerogen wirken oder bestehende Magenbeschwerden verschlimmern kann. Am rechten Fahnenmast weht deshalb ein großer Magen.

ASS kann als seltene Nebenwirkung das so genannte Reye-Syndrom her-vorrufen, eine akute Enzephalopathie mit Degeneration der Leber. Das Syn-drom äußert sich zunächst durch grippeähnliche Symptome. Das Vollbild ist zu etwa 70 % letal. Von dem Reye-Syndrom sind vor allem Kinder und Jugendliche bis 12 Jahre betroffen, so dass ASS bei dieser Patientengruppe nicht eingesetzt werden sollte. Am vorderen Fahnenmast weht deshalb eine Fahne mit der Abbildung eines Kindes.

Schwangerschaft ist eine weitere Kontraindikation. Die gewölbte Kuppel des Reichstags erinnert an die Form des Bauchs einer Schwangeren.

Die ABDA-Datenbank listet mehrere beachtenswerte Wechselwirkungen für ASS auf.

Eine Anpassung wird für die gleichzeitige Gabe von Ibuprofen empfohlen. **I**buprofen schirmt die Cyclooxygenase sterisch ab, so dass ASS nicht mehr wirken kann. Dies ist besonders beim Einsatz von ASS als blutverflüssigendes Mittel von Bedeutung. Die ABDA-Datenbank empfiehlt Ibuprofen entweder frühestens 30 Minuten nach der ASS-Gabe zu nehmen oder 8 Stunden vorher.

Bei gleichzeitiger Gabe von **M**ethotrexat müssen dessen Nebenwirkungen überwacht werden, da ASS die Elimination von Methotrexat behindert.

Bei gleichzeitiger Gabe anderer **A**ntikoagulantien wie Heparinoiden, Clopidogrel und Ticlopidin muss der Patient auf die Möglichkeit einer verstärkten Blutungsneigung hingewiesen werden und sollte sich diesbezüglich beobachten.

Kontraindiziert ist **P**henprocoumon, da das Ausmaß der zusätzlichen Herabsetzung der Blutgerinnung weder vorhergesagt noch nachgewiesen werden kann. Die Wechselwirkungen speichert man unter dem Akronym »**IMAP**«, dem gleich lautenden Psychopharmakon, ab. Diese vier Buchstaben lassen sich dekorativ zwischen den Säulen des Reichstags anbringen.

Vorsichtshalber kontraindiziert ist die gleichzeitige Gabe der Coxibe. Vorteile für die Verringerung der Schmerzen sind nicht bewiesen. Das Risiko für gastro-intestinale Störungen hingegen wird erhöht. Überwacht werden muss ebenfalls die gleichzeitige Gabe von oralen Glucocorticoiden und von Selektiven-Serotonin-Reuptake-Inhibitoren wie Paroxetin, Sertralin, Fluoxamin und Citalopram. Sowohl die Glucocorticoide als auch die SSRI erhöhen wie die Coxibe das ulcerogene Risiko.

Zur Abspeicherung werden die drei zuletzt genannten Arzneimittelgruppen um die Fahne mit dem Magen gruppiert. Eine Markierung des Magens mit einem Kleeblatt hilft, an die drei genannten Arzneimittelgruppen zu denken: Coxibe, SSRIs und Glucocorticoide. Der dazugehörige Merksatz lautet: »**Co**rnelia (**Co**xibe) **s**urft (**S**SRI) **gl**änzend (**Gl**ucocorticoide)«.

Zur Gedächtniskonsolidierung sollte dieses Bild, wie im Kap. 2.7 beschrieben, einige Male wiederholt werden.

Wird es regelmäßig bei der Arzneimittelabgabe benutzt, prägen sich die Inhalte schnell ein, so dass das Bild »seine Schuldigkeit getan hat« und wieder frei wird.

Die Lokalisations-methode mit Hilfe von Wohnräumen – Zimmerliste Für die Festlegung einer Route durch ein Zimmer sollte ein Raum ausgesucht werden, der sehr vertraut ist. Jede Fläche wird in jedem Zimmer spezifische Merkmale aufweisen, wie Fenster, Türen, Bilder, Vorhänge, Möbelstücke (Abb. 36).

Man schreite in Gedanken diesen Raum ganz bewusst ab und schaue die einzelnen Routenpunkte genau an und lege dann die Reihenfolge fest. Es empfiehlt sich, den Raum im Uhrzeigersinn zu betrachten. Es ist wichtig, nicht zu viele Routenpunkte in einem Raum unterzubringen. Sollen mehr

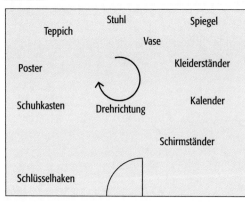

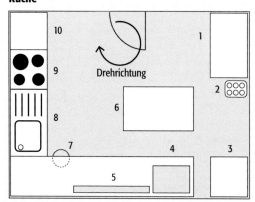

Abb. 36:
Die Zimmerliste

als etwa zehn Informationsinhalte untergebracht werden, ist es sinnvoll, einen weiteren Raum damit zu bestücken.

Zum Einstieg eignet sich die Betrachtung des eigenen Wohnzimmers. Man stellt sich in die Eingangstür und betrachtet intensiv nacheinander

- die linke Wand,
- die gegenüberliegende Wand,
- die rechte Wand,
- den Fußboden,
- die Decke.

Man betrachtet zunächst die Wand links. Dort fixiert man, wie in Abb. 37 dargestellt, eine Ritterrüstung und ein 0,3 l fassendes Glas. Mit Hilfe eines Bierglases können sich vor allem Männer eine Menge von 300 ml genau vorstellen. Die Ritterrüstung erinnert den Berater daran, dass die Tabletten in einer aufrechten Position eingenommen werden müssen. Diese Körperhaltung unterstützt mit Hilfe der Schwerkraft den sicheren Transport durch die Speiseröhre. Bettlägerige Patienten sind deshalb so weit wie möglich vor dem Schlucken aufzurichten. Die aufrechte Haltung bewahrt den Patienten außerdem davor, beim Schlucken der häufig recht großen Antibiotikatabletten den Kopf in den Nacken zu legen. Dadurch wird der Würgereflex verringert, da die Tabletten nicht mit den brechreizauslösenden Rezeptoren am hinteren Rand des Schlundes in Berührung kommen. Das 0,3 l-Liter-Glas erinnert daran, dass ausreichend Wasser nachgetrunken werden muss, damit die Tablette nicht im Ösophagus hängen bleibt und dort die Schleimhaut schädigt, sondern sicher den Magen erreicht.

Beispiel: Wichtige Abgabehinweise für Antibiotika

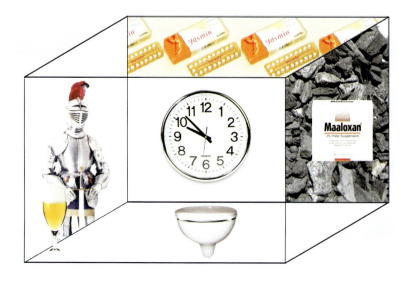

Abb. 37:
Zimmerliste:
Beratung Antibiotika

Auf der dem Eingang gegenüberliegenden Wand wird in Gedanken eine übergroße Uhr installiert, die vom Fußboden bis zur Decke reicht und laut tickt. Sie erinnert daran, dass die Einnahmeintervalle von 8, 12 oder 24 Stunden möglichst genau einzuhalten sind, um eine gute, schnelle Wirkung durch möglichst gleichmäßige Blutspiegel zu erreichen. Die Uhr, der Zeitmesser, erinnert ebenfalls daran, dass die ABDA-Datenbank empfiehlt, die Therapie noch 2 – 3 Tage nach Abklingen der Symptome durchzuführen, um ein rasches Rezidiv zu verhindern. Der Patient sollte sich deshalb am Ende der Therapie vergewissern, dass er sich wirklich gesund fühlt und anderenfalls den Arzt erneut aufsuchen.

Die rechte Wand wird mit einer Fototapete neu tapeziert. Auf ihr sind schwarze Kohle und ein übergroßer Beutel eines Antacidums abgebildet. Diese ungewöhnliche Tapete unterstützt gedanklich den Hinweis, dass bei gleichzeitiger Anwendung von Kohle oder Antacida mindestens zwei Stunden Abstand einzuhalten ist, um die Resorption des Antibiotikums nicht zu beeinträchtigen. Auch wenn Kohle heute obsolet ist und aus guten Gründen kaum noch in Apotheken abgegeben wird, muss man wissen, dass sie als freiverkäufliches Durchfallmittel in Drogerie- und Lebensmittelmärkten angeboten wird.

Nun wird der Fußboden des eigenen Wohnzimmers intensiv betrachtet. Dort steht ganz ungewöhnlich eine Toilette. Sie erinnert daran, dass Antibiotika zu einer Stuhlerweichung führen können. Sollte es zu schwersten Durchfällen kommen, ist die Therapie sofort zu beenden und der Arzt aufzusuchen. Alle Antibiotika können in seltenen Fällen zu einer pseudomembranösen Kolitis führen, die sofort ärztlich behandelt werden muss.

Nun wird der Blick bewusst zur Decke gelenkt. Dort baumeln in einem sanften Luftzug Blister und Umverpackungen oraler Kontrazeptiva. Antibiotika können durch eine Beschleunigung der Darmpassage und Beeinträchtigung des entero-hepatischen Kreislaufs zu einer Verminderung des Konzeptionsschutzes estrogenhaltiger Kontrazeptiva führen. Die ABDA-Datenbank empfiehlt deshalb in ihrem Maßnahmenkatalog, dass die Interaktion vorsichtshalber überwacht werden sollte. Es empfiehlt sich, bis zum Beginn eines neuen Einnahmezyklus zusätzliche Schutzmaßnahmen anzuwenden.

Auch dieses Bild muss so lange wiederholt werden, bis es fest im Gedächtnis sitzt.

Die Lokalisations-
methode mit Hilfe
von Gegenständen –
Autoliste

Viele Gegenstände eignen sich zum Abspeichern von Gedächtnisinhalten. Ein Auto eignet sich besonders, da es sowohl außen als auch innen viele Ankerpunkte besitzt, an denen die Informationen festgemacht werden können. Es ist wiederum wichtig, die Reihenfolge der Routenpunkte genau festzulegen.

Man könnte mit der hinteren Stoßstange beginnen, über Rücklichter zu Kofferraum und Heckscheibe kommen, sich über Räder und Rückspiegel zur Frontscheibe begeben, dort Scheibenwischer, Motorhaube, Scheinwerfer und Kühlergrill betrachten.

Besonders Autobegeisterte könnten auch die Motorhaube öffnen und sich im Innenraum Ankerpunkte suchen. Die Liste der Routenpunkte sollte auch hier nicht mehr als zehn Punkte umfassen.

Bei der Abgabe von Johanniskraut muss wegen des umfangreichen Interaktionsspektrums sorgfältig beraten werden. Bei vielen Kunden herrscht noch immer die Meinung vor, dass »pflanzlich« ein Synonym für »harmlos« ist. Johanniskraut beeinflusst das Cytochrom P-450-System in der Leber und verändert dadurch die Metabolisierung weiterer gleichzeitig angewandter Arzneistoffe. Da es sich dabei zum Teil um stark wirksame Substanzen handelt, die bei lebensbedrohlichen Erkrankungen eingesetzt werden, muss dem Patienten in bestimmten Fällen von der gleichzeitigen Anwendung dringend abgeraten werden.

Beispiel: Wichtige Interaktionen von Johanniskraut

Diese beachtenswerten Interaktionen sollen im Innenraum des möglichst eigenen Autos verankert werden, um morgens auf dem Weg zur Apotheke memoriert zu werden. Abb. 38 gibt eine Anleitung, wie die Abspeicherung aussehen könnte.

Als Erstes ist es wichtig, die Route/Reihenfolge der Ankerpunkte eindeutig festzulegen. Folgende Route wird vorgeschlagen: Sie geht von links nach rechts und von oben nach unten: Hupe, Radio, Handschuhfach, Rückspiegel, Schalthebel, Fußraum Beifahrer, Fußraum Fahrer.

Abb. 38:
Autoliste:
Beratung Johanniskraut

Als Zweites müssen möglichst griffige Bilder für die betroffenen Arzneimittel/Arzneistoffe gesucht werden. Dazu gehören Immunsuppressiva, Antikoagulantien, Kontrazeptiva, HIV-Protease-Inhibitoren, SSRI, Digoxin und Opioide.

Immunsuppressiva werden sowohl bei Autoimmunerkrankungen als auch bei Transplantationen gegeben. Entsprechend könnte ein Organspendeausweis auf die Hupe geklebt werden.

Aus dem Radio tropft eigenartigerweise Blut. Diese Blutung ist nicht zu stillen und erinnert so an die **Antikoagulantien**.

Am Handschuhfach ist eine AIDS-Schleife angebracht. Sie kann eine Verbindung zu den **HIV-Protease-Inhibitoren** herstellen ebenso wie ein Foto von Rock Hudson oder Freddy Mercury, bekannte Opfer der Krankheit AIDS. Wenn man sich nicht präzise an ihr Aussehen erinnert, sollte man ein Foto im Internet suchen.

Im Rückspiegel sieht man nicht den nachfolgenden Verkehr, sondern eine Packung Citalopram. Der am häufigsten verordnete **SSRI** stellt eine Verbindung zu der ganzen Stoffklasse her.

Nun legt man die Hand auf den Schalthebel. Auf der Innenfläche spürt man den Blister einer Packung **Kontrazeptiva**.

Dem Beifahrer fällt das Einsteigen schwer, da im Fußraum des Beifahrers blühender Fingerhut, **Digitalis**, wächst.

Dem Fahrer geht es nicht viel besser. Er wird am Einsteigen gehindert durch kapseltragende, angeritzte Mohnpflanzen, aus denen Milchsaft quillt, der in getrocknetem Zustand **Opium** genannt wird.

Dieses Bild lässt sich gut am Spiegel im Badezimmer befestigen, um beim morgendlichen Zähneputzen oder Rasieren wiederholt zu werden.

Die Lokalisationsmethode mit Hilfe des Körpers – Körperliste

Unterschiedliche Stellen des menschlichen Körpers eignen sich, um Gedächtnisinhalte in einer logischen Reihenfolge abzuspeichern.

Zu Beginn ist es wieder hilfreich, sich die feste Reihenfolge gut einzuprägen (Abb. 39).

Hier ein Vorschlag:
1 = Füße, 2 = Knie, 3 = Oberschenkel, 4 = Gesäß, die so genannten vier Buchstaben, 5 = Bauch, 6 = Brust, 7 = Schultern, 8 = Hals, 9 = Gesicht, 10 = Haare.

Der Orientierung hilft es, die Nummer 5, den Bauch, mit dem Symbol der Hand zusätzlich zu markieren. Man gelangt dann in Gedanken leichter zu Position 2 oder 7 oder anderen Positionen.

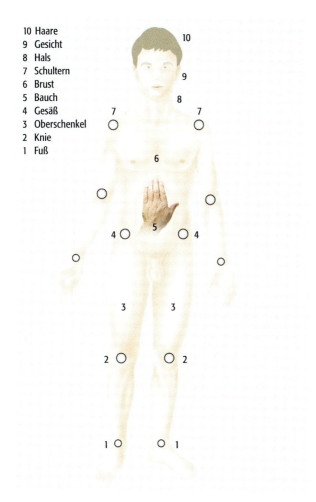

10 Haare
9 Gesicht
8 Hals
7 Schultern
6 Brust
5 Bauch
4 Gesäß
3 Oberschenkel
2 Knie
1 Fuß

Abb. 39:
Körperliste

Diese Reihenfolge prägt man sich am besten ein, wenn man stehend das Körperteil berührt und laut benennt: Füße, Knie, Oberschenkel, Gesäß, Bauch, Brust, Schultern, Hals, Gesicht, Haare. Nun berührt man sie abwechselnd von oben nach unten und umgekehrt, bis die Körperteile in der richtigen Reihenfolge gut sitzen.

Zunächst wird die Körperliste anhand von Fakten des Allgemeinwissens erklärt. Danach erfolgt die Übertragung auf pharmazeutische Beispiele.

Die hervorragende Funktionstüchtigkeit der Körperliste soll an der Aufzählung der letzten zehn Vorgänger von Barack Obama in der richtigen Reihenfolge bewiesen werden. Dazu müssen die Nachnamen der jeweiligen Präsidenten »be-bildert« und mit den betreffenden Körperpunkten in der richtigen Reihenfolge »ver-bildert« werden. Auch hier hilft das Internet, sich vom Aussehen der Präsidenten ein Bild zu machen.

Übung: Die letzten
zehn Vorgänger von
Barack Obama
Bei der Festlegung der Positionen geht man von der Gegenwart in die Vergangenheit und beginnt bei der Nummer 10, den Haaren.

Der direkte Vorgänger war **George W. Bush junior**. Man stellt sich einen pflanzlichen Busch vor, der wie eine Tarnkappe als Haare auf dem Kopf sitzt.

Davor war **Bill Clinton** Präsident. Da er in der Praktikantinnenaffäre die Öffentlichkeit eine Zeitlang gehörig an der Nase herum geführt hat, bekommt er seinen Platz an der Nase.

Sein Vorgänger war **George Bush senior**. Er wird wie sein Sohn als grüner Busch dargestellt, aber als Krawatte um den Hals gelegt. Der Kopf wird nun oben und unten von einem Busch umrahmt.

Davor war **Ronald Reagan** Präsident. Er gehört auf die Schultern. Für den Namen »Reagan« kann man ein Wort suchen, das so ähnlich klingt, ein so genanntes »Ersatzwort«. So könnte man den Gleichklang der Worte »Reagan« und »Regen« ausnutzen. Man stellt sich vor, wie es auf die Schultern regnet und sie feucht und kalt werden.

Betrachtet man nun die Brust, so macht es sich dort ein Kater gerade gemütlich. Er erinnert uns an **Jimmy Carter**. Kater ist wiederum das Ersatzwort für »Carter«.

Konzentriert man sich nun auf den Bauch, sieht man dort als zusätzliche Markierung eine Hand für die Nummer fünf. Gleichzeitig zieht ein winziger Ford-PKW seine Kreise unermüdlich um den Bauchnabel. So merkt man sich **Gerald Ford**.

Der nächste Routenpunkt ist das Gesäß, die vier Buchstaben. Hier platziert man eine Nixe, die nur an **Richard Nixon** erinnern kann. »Nixe« ist das Ersatzwort für »Nixon«.

Auf dem Oberschenkel sitzt **Lyndon B. Johnson**. Als »Sohn von John« ist er so klein wie ein Kind, so dass er auf dem Schoß gut Platz hat.

Statt Kniescheiben hat man durch eine imaginäre Transplantation Fernsehgeräte eingepflanzt bekommen. Dort hält **John F. Kennedy** seine berühmte Rede mit dem Satz: »Ich bin ein Berliner.« Man könnte verwundert seine Kniescheiben betrachten und in einem verballhornten Bayerisch fragen: »Kenn i di?« »Kenn i di« ist der Ersatzbegriff für Kennedy.

Auf die Füße wird nun mit einer Eisenstange eingeschlagen. Man betätigt sich als »Eisen-Hauer«. Das schmerzt zwar, erinnert aber an **Dwight D. Eisenhower**.

Wenn man diese Liste von oben nach unten und von unten nach oben wiederholt, hat man für lange Zeit die amerikanischen Präsidenten in der richtigen Reihenfolge gespeichert.

In dem vorangegangenen Abschnitt ist das Prinzip der Ersatzworte angewandt worden. Die Methode wurde von Harry Lorayne erörtert (29, 30). Ersatzworte oder Ersatzbegriffe finden immer dann Verwendung, wenn der abzuspeichernde Begriff abstrakt und nicht gegenständlich ist. Man sucht dann einen Ersatzbegriff, der dem ursprünglichen Begriff nahe kommt. Häufig gelingt es, ein ähnlich klingendes Ersatzwort zu finden. Bei den Präsidenten war das Wort »Kater« das Ersatzwort für Jimmy Carter, das Wort »Regen« für Ronald Reagan, Das Wort »Eisen-Hauer« für Dwight D. Eisenhower.

Das Prinzip der Ersatzworte

Erythromycin gehört zu den häufig verwendeten Substanzen in der Rezeptur. Bei der Verarbeitung sind einige Hinweise zu beachten, um die Stabilität der Zubereitung und eine gute Wirksamkeit zu gewährleisten. Entsprechende Rezepturen mussten in der Vergangenheit wiederholt beanstandet werden, da es in Folge Zersetzung zu erheblichen Qualitätsminderungen kam.

Beispiel: Rezepturhinweise für Erythromycin

Der Rezeptar sollte deshalb vor der Anfertigung nicht-standardisierter Rezepturen überlegen, ob und wie sie ohne Qualitätsverlust hergestellt werden können.

Die Körperliste hilft, die wichtigsten Quellen für Qualitätsminderung schnell überprüfen zu können (Abb. 40). Die Rezepturhinweise des NRF im Internet geben an, wie verfahren werden soll.

Das NRF empfiehlt anhand der analytischen Daten eine *Einwaagekorrektur* dergestalt vorzunehmen, dass bis zu 10 % mehr an Substanz eingewogen wird. Dieser Hinweis wird an der Körperstelle mit der Nummer 10 abgelegt, den Haaren, mit Hilfe einer dort angebrachten Waage.

Die gleichzeitige Anwendung mit Tretinoin kann aufgrund der unterschiedlichen Wirkmechanismen sinnvoll sein. Da die Substanzen unterschiedliche Stabilitätsbereiche haben, sollte von der Anfertigung ungeprüfter Kombinationen Abstand genommen und auf standardisierte Vorschläge (NRF, Hersteller) zurückgegriffen werden. Dieser Hinweis wird auf der Nummer 9, dem Gesicht, abgelegt. Man könnte hier das Gesicht des ehemaligen Umweltministers Jürgen Trittin sehen, dessen Familienname Trittin lautmalerisch hin zum *Tretinoin* führt. Der Name Trittin ist wiederum ein Ersatzwort, das Ersatzwort für Tretinoin. Als weitere Ersatzworte eignen sich ein Tretroller, ein Treteimer oder eine Trittleiter, die dann am Gesicht platziert werden.

Des Weiteren ist für das Erythromycin ein enger rezeptierbarer pH- Bereich zu beachten. Sowohl für die chemische Stabilität als auch für die mikrobielle Wirkung ist ein schwach basischer Bereich von pH 8 – 10 für Suspen-

Abb. 40:
Körperliste
Rezepturhinweise
Erythromycin

sionen und von pH 8 – 8,5 für Lösungen einzuhalten. Außerhalb dieses pH-Bereichs kommt es zu einer raschen Zersetzung. Den *rezeptierbaren pH-Bereich* legt man an der Nummer 8 der Körperliste, dem Hals, ab. In der Kuhle oberhalb des Brustbeins liegt ein Stück weiße, charakteristisch riechende Kernseife, die an den alkalischen Bereich erinnert.

Folglich darf eine gleichzeitige Verarbeitung mit Säuren wie den Wirkstoffen Salicylsäure und Milchsäure und den Konservierungsstoffen Sorbinsäure und Benzoesäure nicht erfolgen. Der immer wieder geäußerte Einwand, dass Kombinationen aus Erythromycin und Salicylsäure dennoch wirksam sind, beruht auf der Wirksamkeit der *Salicylsäure* allein, die *im Sauren* weiterhin wirksam bleibt. Als Gedächtnishilfe werden auf der Schulter Zitronen abgelegt als Sinnbild für die Säure.

Ein weiterer problematischer Arzneistoff, der oft mit Erythromycin gleichzeitig verarbeitet werden soll, ist Metronidazol. Aus therapeutischer Sicht ist diese Kombination plausibel, da beide Stoffe sich vor allem in ihren immunmodulierenden Eigenschaften ergänzen. Es gilt jedoch zu bedenken, dass sich Metronidazol oberhalb seines Stabilitätsmaximums von pH 5 rasch zersetzt, ebenso wie Erythromycin unterhalb von pH 8 schnell unwirksam wird.

Auf der Brust prangt groß ein Metroschild der Pariser U-Bahn und manifestiert so die Verbindung zu *Metronidazol*.

Des Weiteren warnt das NRF vor der unkritischen *Einarbeitung von Erythromycin in Fertigarzneimittel*. Vor Anfertigung muss deshalb beim Hersteller nachgefragt werden, ob die Stabilität der gleichzeitigen Verarbeitung belegt ist. Zur Erinnerung ragt aus dem Bauchnabel eine *Salbentube*. Zusätzlich durchbohrt sie das aus dem Straßenverkehr bekannte Achtungschild.

Bei der Verwendung durch den Patienten ist zu beachten, dass nach vier- bis sechswöchiger Anwendungszeit eine *Pause von vier Wochen* erfolgen sollte. Nur dies gewährleistet, dass die Erregerempfindlichkeit erhalten bleibt. Dieser Hinweis wird am Körper an der Nummer 4, dem Gesäß, den vier Buchstaben, abgelegt. Auf das Gesäß wird ein Kalenderblatt geklebt.

Eine weitere, für die gleichzeitige Verarbeitung problematische Gruppe von Arzneistoffen sind die Glucocorticoide. Diese Gruppe muss differenziert betrachtet werden. Bei dem für Erythromycin erforderlichen schwach basischen pH-Bereich zersetzen sich Clobetasolproprionat und Betamethasonvalerat. Die Kombination mit Triamcinolonacetonid und Hydrocortisonacetat ist für einen Anwendungszeitraum von vier Wochen möglich. Der Rezeptar legt die *Glucocorticoide* auf dem Oberschenkel ab in Form der in der Apotheke üblichen kleinen Traubenzuckerstückchen. Das Wort Glucose lenkt die Gedanken zu den Glucocorticoiden, vor deren Verarbeitung spezifische Informationen eingeholt werden müssen. Glucose ist das Ersatzwort für Glucocorticoide.

Auch Tetracyclin bereitet Schwierigkeiten bei der Verarbeitung mit Erythromycin, da es oberhalb von pH 8 sicher nicht stabil ist. Die Erinnerung daran wird in Form eines an der Kniescheibe klebenden Tetraeders abgelegt. Der Tetraeder ist der Ersatzbegriff für *Tetracyclin*.

Der letzte problematische Arzneistoff wird an den Füßen angebracht. Diese stehen in einer altmodischen Zinkbadewanne, die für *Zinkverbindungen* steht.

Bei allen Rezepturproblemen helfen die Rezepturhinweise des NRF sowohl im Internet (www.pharmazeutische-zeitung.de, DAC/NRF) als auch bei den einzelnen Standardrezepturen.

Beispiel: Arzneimittel, die Übelkeit verursachen können

Übelkeit ist eine der häufigsten Nebenwirkungen von Arzneimitteln. Es erhebt sich immer die Frage, ob der Patient bei Ersteinnahme im Beratungsgespräch darauf hingewiesen werden soll. Wenn Übelkeit durch Einnahme zur Mahlzeit vermieden werden kann, wenn sie im Laufe der Therapie von allein nachlässt, wenn sie Anzeichen einer Intoxikation ist, sollte der Patient darüber aufgeklärt werden.

In Abb. 41 ist am Beispiel eines Bildes des David von Michelangelo dargestellt, wie man sich betroffene Arzneistoffe mit Hilfe der Körperliste merken kann.

Dazu zählen Metformin, Antiparkinsonmittel, Antidementiva, Interferone, monoklonale Antikörper, HIV-Protease-Inhibitoren, Zytostatika, Digitoxin/

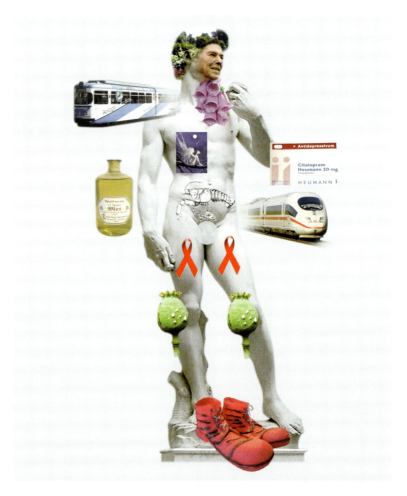

Abb. 41:
Körperliste
Nebenwirkung Übelkeit

Digoxin, SSRI, Tamoxifen, Tramadol und Opioide. Einige Bilder sind bereits von den Interaktionen von Johanniskraut bekannt.

Die Füße tragen rote Clownsschuhe. Spricht man das Wort Clown nicht englisch, sondern deutsch wie Klon aus, hat man über das Klangbild eine Brücke zu den **Monoklonalen Antikörpern** geschlagen. Klon ist das Ersatzwort für Monoklonale Antikörper.

Am Knie prangt eine aufgeritzte Mohnkapsel, aus der der Milchsaft tropft. Der klebt. Aus dem Milchsaft wird Opium gewonnen, so dass die Mohnkapsel an **opioide Analgetika** erinnert.

Um den Oberschenkel ist eine rote AIDS-Schleife gebunden. Sie stellt eine Verbindung zu den **HIV-Protease-Inhibitoren** her.

In Höhe des Gesäßes fährt ein Intercity-Express vorbei. Das Wort stellt eine lautmalerische Verbindung zu den **Interferonen** her.

Am Bauch kriecht ein Krebs aus dem Bauchnabel. Er erinnert an Krebsmittel, an **Zytostatika**.

An der Brust spielen Feen mit kleinen Sauerstoffperlen. Das sind sogenannte Oxyfeen, die mit dem Aromatasehemmer **Tamoxifen** in Zusammenhang gebracht werden können. Um die Anfangsbuchstaben Tam nicht zu vergessen, könnte den Feen ein Gegenstand auf den Kopf gesetzt werden, der mit Tam beginnt, beispielsweise ein Tampen, ein Tampon oder eine Tamariske. Wenn man sich die Begriffe nicht vorstellen kann, muss man die entsprechenden Bilder im Lexikon oder Internet nachschauen. Die »Oxyfeen« mit dem Tampen sind der Ersatzbegriff für das Tamoxifen.

Auf der Schulter fährt eigenartigerweise eine Straßenbahn, eine Tram. Die Tram ist der Ersatzbegriff für **Tramadol**.

Den Hals zieren frische Fingerhutblüten und erinnern daran, dass **Digitalisglykoside**, die eine enge therapeutische Breite besitzen, bei Intoxikation Übelkeit hervorrufen.

Davids Gesicht trägt die Züge von Ronald Reagan. Sicher ist bekannt, dass Reagan vor seinem Tod lange Zeit an Alzheimer erkrankt war. Er steht für die bei dieser Krankheit eingesetzten **Antidementiva**.

Auf dem Kopf befindet sich statt Haaren ein Park. Er ruft die Erinnerung daran hervor, dass **Antiparkinsonmitteln** oft Übelkeit hervorrufen. Der Park erinnert an Parkinson und ist Ersatzbegriff für Antiparkinsonmittel.

Nun ist die Körperliste mit ihren zehn ursprünglichen Ankerpunkten zu Ende. Für Metformin und SSRI müssen deshalb zwei weitere Ankerpunkte neu geschaffen werden. Hier bieten sich die Ellbogen an. Aus dem einen fließt ein klebriger Saft, der Met genannt wird und an Metformin erinnert. Met ist der Ersatzbegriff für Metformin.

In der anderen Armbeuge liegt eine Packung Citalopram, die als der am häufigsten verordnete **SSRI** eine Verbindung zu der ganzen Arzneistoffgruppe herstellt.

Zahlensymbole mit Lokalisationsmethode

Die in Kap. 3.3 vorgestellten Zahlensymbole lassen sich sinnvoll mit der Lokalisationsmethode kombinieren. Als Erstes legt man fest, wie viele Details man sich zu einem Sachverhalt merken möchte. In einem zweiten Schritt wird ein Symbol für die entsprechende Zahl gesucht und auf Eignung für die Lokalisationsmethode überprüft.

Beispiel: Kontraindikationen für Naratriptan in der Selbstmedikation

Das Antimigränemittel Naratriptan ist aufgrund seiner hohen Sicherheit unter Auflagen aus der Verschreibungspflicht entlassen worden. Es kann unter Berücksichtigung der Kontraindikationen in der Selbstmedikation als wirksames Arzneimittel Patienten empfohlen werden, die an Migräne leiden. Die zu beachtenden Kontraindikationen ergeben sich aus dem Wirkmechanismus der Triptane, die als 5-HT-Rezeptoragonisten wie das Serotonin vasokonstriktorisch wirken.

Patienten mit einer bestehenden Herzerkrankung wie Insuffizienz oder Ischämie ist von der Einnahme abzuraten. Des Weiteren dürfen Patienten mit einer bestehenden Gefäßerkrankung keine Triptane einnehmen. Zu den Gefäßerkrankungen zählen die periphere, arterielle Verschlusskrankheit, die sogenannte Schaufensterkrankheit, und Morbus Raynaud, der aufgrund einer Gefäßverengung zunächst zu einer weißen und aufgrund der Minderversorgung mit Blut später zu einer Blaufärbung vor allem der Finger führt.

Hat der Patient bereits einen Herzinfarkt oder einen Schlaganfall erlitten, muss ebenfalls von einer Einnahme abgeraten werden. Auch ein nicht behandelter oder ein schwer einstellbarer hoher Blutdruck ist eine Kontraindikation. Wie bei anderen Arzneistoffen auch, gibt es für den Einsatz von Naratriptan Altersbeschränkungen zu beachten. Patienten unter 18 und über 65 dürfen Triptane nicht in der Selbstmedikation anwenden.

Der Elefant als Symbol für die Sechs

Für die Abgabe von Naratriptan sind sechs Kontraindikationen zu beachten. Eins der Symbole für die Sechs ist der futterfressende Elefant, dessen Rüssel sich zu einer Sechs formt.

Wie in Abb. 42 dargestellt, lassen sich die Kontraindikationen mit dem Elefanten »ver-bildern«. Am linken Ohr erscheint ein rotes Herz, das in Gedanken zusätzlich warnend blinken kann als Erinnerung an die *Herzerkrankungen*. Am rechten Ohr erscheint eine griechische Amphore als Bild für ein Gefäß und erinnert an die Kontraindikation *Gefäßerkrankungen*. Am linken Stoßzahn hängt das Bild eines Herzens, am rechten das eines Gehirns. *Herzinfarkt* und *Schlaganfall* in der Vorgeschichte schränken die

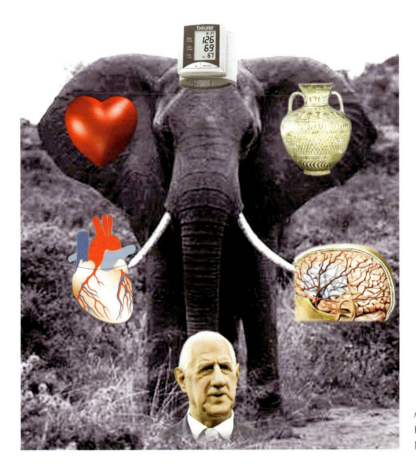

Abb. 42:
Kontraindikationen
Naratriptan

Anwendung ein. Auf dem Kopf sitzt als Krone ein Blutdruckmessgerät. Es erinnert daran, dass bei nicht behandeltem oder schwer einstellbarem *Blutdruck* Naratriptan nicht gegeben werden darf. Im Rüssel – und das ist das »Merk-würdigste« – schaukelt ein alter Mann. Man könnte sich auch konkret Johannes Heesters vorstellen. Er beeindruckt durch sein außergewöhnliches Alter und erinnert dadurch an die einzuhaltenden *Altersbeschränkungen.*

Die Therapie der Hypercholesterinämie kann durch geeignete Ernährung unterstützt werden. Die vier Grundprinzipien dieser Ernährungsstrategie werden mit Hilfe der »Fabulous Four«, der Beatles, im Gehirn verankert. Je nach Alter kann man sich auch die Mitglieder anderer Bands, wie ABBA oder Tokio Hotel vorstellen.

**Beispiel: Ernährungs-
beratung bei Hyper-
cholesterinämie**

Alle vier Pilzköpfe trainieren, weil sie zum Zirkus möchten. John Lennon dressiert ein klitzekleines Schwein, das er mit einer Olive anlockt, von einem Podest herunterzuspringen. Das Schwein steht für *tierische Produkte* und *gesättigte Fettsäuren*, die weniger verzehrt werden sollten. Die Olive steht für *pflanzliche Produkte* und für *ungesättigte Fettsäuren*. Dieses Bild hält die Erinnerung wach, tierische Produkte möglichst häufig gegen pflanzliche Produkte auszutauschen. Tierische Produkte wie Fleisch, Wurst, Speck, Butter, Sahne enthalten hauptsächlich gesättigte Fettsäuren, die bei der Ernährung ungünstig sind. Zu bevorzugen sind ungesättigte Fettsäuren, die in Olivenöl, Rapsöl, Leinöl und in fetten Seefischen vorkommen.

Paul McCartney versucht, eine Pyramide aus ungeschälten Äpfeln auf dem Kopf zu balancieren. Die ungeschälten Äpfel symbolisieren die *Ballaststoffe*, die vermehrt verzehrt werden sollen. Sie sind vor allem in Schalenobst, in Produkten aus Vollkorngetreide und in Gemüse enthalten.

George Harrison übt sich im Jonglieren. Bei genauerem Hinsehen jongliert er jedoch nicht mit Bällen, sondern eigenartigerweise mit einem Ei, einer Leber und einer Garnele. *Eier, Innereien und Schalentiere* sind Lebensmittel, die viel Cholesterin enthalten. Sie sollten deshalb nur selten verzehrt werden.

Ringo Starr bereitet die Nummer eines Gewichthebers vor. Er trainiert, eine ungeheuer schwere Waage in die Luft zu stemmen. Diese erinnert daran, dass die Waage möglichst *Normalgewicht* anzeigen sollte.

Alle vier zeigen sich bei ihren Kunststücken im Zirkus in Bewegung. So wird die Erinnerung daran unterstützt, dass Bewegung einen positiven Einfluss auf den HDL-Wert hat und den LDL-Wert senkt.

Beispiel: Überprüfung einer Rezeptur vor der Anfertigung — Rezeptieren ist nicht ein beliebiges Mischen von Bestandteilen, sondern eine alte Kunst auf der Basis pharmazeutischer Kenntnisse. Vor Anfertigung muss deshalb die Rezeptur auf Sinnhaftigkeit und galenische Verträglichkeit überprüft werden. Erst wenn feststeht, dass es keine Bedenken gibt, kann sie angefertigt werden. Sonst droht Gefahr, ein bedenkliches Arzneimittel in den Handel zu bringen, was nach § 5 AMG nicht erlaubt ist.

Zunächst sind die verordneten Arzneistoffe auf Unbedenklichkeit zu überprüfen. Anlässe für Bedenken können sich durch die pharmakologisch-toxikologischen Eigenschaften der Wirk- und Hilfsstoffe ergeben oder durch das Zusammenwirken von Arzneistoffen. Obsolete Arzneistoffe dürfen in der Regel nicht mehr verwendet werden. Das NRF hilft sowohl als Buch als auch durch Rezepturhinweise im Internet bei der Feststellung.

Eine Rezeptur kann sowohl durch eine unsachgemäße Dosierung der Wirkstoffe bedenklich werden als auch durch Inkompatibilitäten, die bei der Anfertigung entstehen. Mögliche Inkompatibilitäten entstehen, wenn der rezeptierbare pH -Bereich der Substanzen nicht übereinstimmt, kationische mit anionischen Stoffen verarbeitet werden sollen oder die verwendeten Salbengrundlagen unterschiedlichen Emulsionstypen angehören. Da Rezepturen frisch anzufertigende Arzneimittel sind, muss festgelegt werden, ob sie konserviert werden müssen und wie lange sie anzuwenden sind.

Zählt man die notwendigen Überprüfungen zusammen, kommt man auf sieben. Ein Symbol für die Sieben sind die sieben Zwerge (Abb. 43).

Beispiel: Der Zwerg als Symbol für die Sieben

Abb. 43:
Überprüfung
einer Rezeptur
vor Anfertigung

Zunächst werden die Routenpunkte an der Gestalt eines Zwerges festgelegt: Haare/Zipfelmütze, Gesicht/Mund, Hals, Schultern, Brust, Bauch, Gesäß.

Auf dem Kopf trägt der Zwerg eine rote Zipfelmütze. In der Spitze dieser Zipfelmütze rotiert ein großes Fragezeichen, das an die *Überprüfung der Bedenklichkeit* der Wirk- und Hilfsstoffe erinnert.

Im Mund steckt ein Dosierlöffel, der es erleichtert, an die *Überprüfung der Dosierung* zu denken.

Wer den Hals des Zwerges genauer betrachtet, entdeckt dort einen eigenartig hüpfenden Adamsapfel. Er besteht aus einer leuchtend gelben Zitrone, die in einem weißen Stück Kernseife steckt. Das muss furchtbar schmecken. Dieses Bild erinnert daran, den *rezeptierbaren pH-Bereich* der einzelnen Stoffe mit Hilfe der NRF-Tabellen zu *überprüfen*.

Auf der Schulter des Zwerges hockt eine schwarze Katze. Das Wort Katze stellt eine Klangassoziation zu dem Wort kationisch her und erinnert daran, dass die gleichzeitige *Verarbeitung von kationischen mit anionischen Stoffen* zu einer Imkompatibiltät führt, die die Stabilität der Zubereitung beeinträchtigt. Das Wort »Katze« ist das Ersatzwort für kationisch.

Bekleidet ist der Zwerg mit einem außergewöhnlichen T-Shirt. Auf seiner Brust prangt dekorativ das Bild einer in braune Tücher gewickelten Mumie. Mumien sind bekanntermaßen einbalsamiert, konserviert. Das Bild lässt an die *Überprüfung der Konservierung* denken.

Auf dem Bauch des Zwerges steht ein Abfalleimer. Er erinnert daran, dass die Rezeptur irgendwann vernichtet werden muss, und mahnt, dass in Abhängigkeit vom Verwendungszweck die *Aufbrauchfrist* festgelegt wird.

In Höhe des Gesäßes sieht man einen Kompass, dessen Nadel genau waagerecht, also von Ost nach West, ausgerichtet ist. Man kann sich auch den Kabarettisten Otto Waalkes vorstellen, dessen Initialen O und W sind. Beides hilft, daran zu denken, dass die gleichzeitige Verarbeitung unterschiedlicher *Emulsionstypen O/W oder W/O* zu einem Brechen der Rezeptur führt.

So kann man unterhaltsam die Kriterien wiederholen, auf die eine Rezeptur vor Anfertigung überprüft werden muss.

Beispiel: Die acht Managementprinzipien der DIN EN ISO 9001:2000

Wer eine ernsthafte Zertifizierung für seine Apotheke anstrebt, muss sich mit den acht Managementprinzipien der DIN EN ISO Normen auseinandersetzen. Diese umfassen Kundenorientierung, Führung und Zielsetzung, Einbeziehung der Mitarbeiter, den prozessorientierten Ansatz, den systemorientierten Ansatz, ständige Verbesserung, sachbasierte Entscheidungsfindung und die Gestaltung der Lieferantenbeziehung zum gegenseitigen Nutzen. Die Kenntnis der acht Prinzipien ist eine unerschöpfliche Quelle für Leistungsverbesserungen im Unternehmen.

Man versteht darunter die folgenden Sachverhalte:

Die Kenntnis von Kundenwünschen, die **Kundenorientierung** und die konsequente Ausrichtung aller Angebote des Unternehmens auf dieses Ziel sind eine wichtige Voraussetzung für Erfolg.

Um die Unternehmenspolitik daran zu orientieren, muss die Unternehmensleitung **führen** und **Ziele** setzen.

Bei der Festsetzung und Durchführung von Maßnahmen müssen die **Mitarbeiter** mit einbezogen werden, wenn die Maßnahmen von Erfolg gekrönt sein sollen.

Um qualitätsbestimmende Schritte der Arbeit definieren zu können, muss festgelegt werden, welche Arbeiten wie im Betrieb erledigt werden müssen. Dazu verhilft die Festlegung von Arbeitsschritten in Prozessen, der **prozessorientierte** Ansatz.

Auch muss für die Verbesserung der Qualität erkannt werden, welche Arbeiten in logischem Zusammenhang stehen und sich gegenseitig bedingen. Dazu verhilft der **systemorientierte** Ansatz.

Um sich am heutigen Markt behaupten zu können, ist eine **ständige Verbesserung** aller Leistungen nötig.

Die Grundlage, auf der Entscheidungen getroffen werden, muss **sachbasiert** sein und einer kritischen Begutachtung standhalten.

Das letzte Managementprinzip betrachtet die Wichtigkeit der Auswahl geeigneter **Lieferanten** und deren regelmäßige Bewertung.

Es ist lohnenswert, sich diese acht Managementprinzipien von Zeit zu Zeit in Erinnerung zu rufen.

Das ausgewählte Symbol für die Acht, ein Schneemann, hilft, die Prinzipien zu behalten.

Beispiel:
Der Schneemann als
Symbol für die Acht

Zunächst prägt man sich das Bild des Schneemanns ein (Abb. 44). Dann wird die Route für die abzuspeichernden Inhalte festgelegt: Haare/Zylinder, Gesicht/Mohrrübennase, Hals/blauer Schal, Brust, Bauch und als Ersatz für Gesäß und Oberschenkel Besenstiel, Besenreisig.

Auf dem Zylinder ist eine Krone abgebildet. Eine Krone tragen Könige, und der Kunde ist bekanntermaßen König. So wird das Prinzip der **Kundenorientierung** abgespeichert.

Auf der roten, langen Mohrrübennase steht ein winziger Napoleon und blickt durch ein Fernrohr. Er symbolisiert die **Führung** und das **Festlegen von Zielen**.

Auf dem blauen Schal befinden sich Bilder von Menschen in weißen Kitteln. Diese erinnern an die **Einbeziehung der Mitarbeiter**.

Auf den Schultern tanzen Paragraphen wild durcheinander. Sie helfen, an den **prozessorientierten Ansatz** zu denken.

Abb. 44:
Managementprinzipien
der DIN EN ISO

In die Brust des Schneemanns, in die obere Schneekugel, ist die Festplatte eines Computers mit Platinen eingelassen. Sie erinnert an den **systemorientierten Ansatz**.

Auf dem Bauch des Schneemanns, der unteren Schneekugel, prangt ein himmelwärts gerichteter Pfeil. Er steht für die **ständige Verbesserung**.

Der Besenstiel steckt in einem Buch. Das Buch bedeutet, dass Entscheidungen nicht nach Gefühl getroffen werden, sondern auf der Grundlage einer soliden Basis, die vermerkt und aufgezeichnet ist. Das ist die **sachbasierte Entscheidungsfindung**.

Über dem Reisig des Besens, dem Besenkopf, ist eine Wanne eines Groß-handels gestülpt, die an die sorgfältige Auswahl und Bewertung der **Lieferanten** erinnert.

Hyperurikämie ist eine Stoffwechselerkrankung, die sich durch geeignete Ernährung positiv beeinflussen lässt. Der Patient soll angeleitet werden, sich möglichst purinarm zu ernähren und gleichzeitig für eine ausreichende Ausschwemmung der Harnsäure zu sorgen. Auch soll er seine allgemeinen Lebensumstände den erhöhten Harnsäurewerten anpassen.

Beispiel: Ernährungs-beratung bei Hyperurikämie

Das Bild von einer Hand mit einem Haus hilft die Beratungsinhalte zu erinnern (Abb. 45). Man berührt nacheinander die Finger der eigenen Hand. Bei der Berührung des kleinen Fingers, 1, denkt man an den Ausspruch: »Wenn man dem den kleinen Finger gibt, dann nimmt er gleich die ganze Hand.« Dieser Satz will sagen, dass der Angesprochene gern übertreibt. Für den Hyperurikämiepatienten bedeutet es, dass er *Exzesse vermeiden* muss. Extremes Fasten kann ebenso zu schmerzhaften Gichtanfällen füh-ren wie Maßlosigkeit bei Essen und Trinken. Daran erinnert der Ausspruch über den kleinen Finger.

Abb. 45:
Ernährungsberatung
Hyperurikämie

Der Ringfinger, 2, versucht, ein gefülltes Bierglas zu balancieren. Das gelingt nicht. Das Glas fällt zu Boden. Der Vorgang hilft zu verinnerlichen, dass *kein Alkohol* getrunken werden darf. Dieser hemmt die Ausscheidung der Harnsäure. Außerdem werden durch Bier dem Körper zusätzlich Purine zugeführt.

Der Mittelfinger, 3, ist der stärkste Finger. An ihm hängt deshalb eine Plastiktüte mit drei Flaschen Mineralwasser. Das Gefühl, dass an dem Finger etwas Schweres hängt, lässt in der Beratung daran denken, auf *ausreichende Flüssigkeitszufuhr* zu achten. Täglich sollten mehr als zwei Liter Wasser getrunken werden, um die Harnsäure auszuschwemmen.

Der Zeigefinger, 4, ist der Besserwisserfinger. Er wird gegenüber dem Patienten nur in Gedanken erhoben. Mit dem Zeigefinger wird der Patient bei Übergewicht darauf hingewiesen, das *Gewicht* zu *normalisieren.*

Am Daumen befindet sich in Gedanken ein ganzes Haus, an dem festgemacht wird, was der Patient bei der Ernährung beachten soll. Aus dem Schornstein quillt weißer Rauch. Bei genauer Betrachtung ist es kein Rauch, sondern Milch. Der *Verzehr von Milchprodukten* soll erhöht werden.

Nun werden die Dachrinnen betrachtet. In der einen Dachrinne, 5, schwimmen Innereien wie Leber, Bries, Nieren, in der anderen, 6, Häute von Fischen und Geflügel. Diese recht unappetitliche Angelegenheit verankert im Gedächtnis, *Haut von Geflügel und Fischen nicht* zu *verzehren*, da der Gehalt an Purinen sehr hoch ist. Unten links am Haus, 7, wächst weißer Spargel, dessen Stangen in grünen Spinatblättern stecken und die statt einer normalen Spargelspitze eine Bohne tragen. *Spargel, Spinat und Hülsenfrüchte* sind die einzigen Gemüsesorten, die der Gichtpatient *nur selten verzehren* sollte, da sie nennenswerte Mengen an Harnsäure enthalten.

Unten rechts am Haus, 8, liegt eine winzige, *kaum zu erkennende Menge Fleisch, Fisch und Wurst.* Dem Patienten muss geraten werden, täglich nicht mehr als 100 g von allen drei Lebensmitteln zusammen zu verzehren. Diese tierischen Produkte enthalten von allen Lebensmitteln den höchsten Gehalt an Purinen.

Natürlich muss auch dieses Bild mehrmals wiederholt werden, bis es fest im Langzeitgedächtnis »sitzt«.

Test Testen Sie Ihren Lernerfolg, verarbeiten Sie die Inhalte, bevor Sie weiterlesen! Beantworten Sie folgende Fragen am besten laut murmelnd:

- Welche Abgabehinweise haben Sie mit der Zimmerliste abgespeichert?
- Welche Hinweise geben Sie bei einer Ernährungsberatung zu Magenerkrankungen?
- Nennen Sie wichtige Interaktionen und Kontraindikationen für ASS!
- Wie heißen die Vorgänger von Barack Obama in der richtigen Reihenfolge?

- Welche Sachverhalte haben Sie mit der Autoliste abgespeichert?
- Welche Hinweise sind bei der Verarbeitung von Erythromycin in der Rezeptur zu beachten?
- Welche Kontraindikationen schränken die Abgabe von Naratriptan in der Selbstmedikation ein?
- Welche Inhalte vermitteln Sie bei einer Ernährungsberatung Hyperurikämie?

3.7 Die Technik des Geschichtenerzählens

Die Mnemotechnik des Geschichtenerzählens ist eine Weiterentwicklung der bildhaften Mnemotechniken. Von alters her werden Lerninhalte in Form von Geschichten weitergegeben, wie in der Geschichte vom Suppenkaspar, im Märchen vom Sterntaler, in der Fabel vom Fuchs und vom Storch, im Gleichnis vom barmherzigen Samariter, im Mythos von der Welterschaffung in sieben Tagen.

Das Prinzip des Erfindens von Geschichten

Das Geschichtenerzählen unterscheidet sich von der Lokalisationsmethode dadurch, dass zusätzlich zu den Bildern Bewegung ins Spiel kommt und weitere Sinneskanäle angesprochen werden. Vor dem geistigen Auge läuft ein Kurzfilm ab, der außer Bildern auch Klänge/Töne, Gerüche, Fühlbares und Geschmackserlebnisse liefert.

Es ist Tatsache, dass uns Geschichten mehr interessieren als Fakten (8). Dass die Stadt Rom im Jahr 753 v. Chr. gegründet wurde, spricht nicht so sehr an wie die Geschichte der in einem Weidenkorb ausgesetzten Zwillinge Romulus und Remus, die eine Wölfin aus dem Wasser zieht, die von ihr gesäugt und aufgezogen werden und die schließlich die Stadt Rom gründen: Rom, die »Ewige Stadt«, die Stadt der Päpste und illustrer Ministerpräsidenten.

Was den Menschen bewegt, sind nicht Fakten und Zahlen, sondern Gefühle und Geschichten. Der allseits beliebte »Klatsch« ist ein eindrucksvolles Beispiel dafür.

Menschen, die einen reichen Vorrat an Geschichten haben und diese auch noch spannend vermitteln können, waren zu allen Zeiten beliebte Zeitgenossen. Ein guter Lehrer wird seinen Schülern Geschichten erzählen, weil er weiß, dass Geschichten faszinieren.

Das Geschichtenerzählen ist eine besonders anspruchsvolle Assoziationstechnik zum Erleichtern des Memorierens. Diese Methode sollte erst dann gelernt werden, wenn man Erfahrung mit dem Erzeugen von Bildern gesammelt hat, wenn der Einsatz der Künstlerin in der rechten Gehirnhälfte von Freude begleitet leicht von der Hand geht.

Das Prinzip besteht darin, abstrakte Informationen mit Hilfe aller Sinneskanäle in Bilder zu überführen, und diese dann in Bewegung zu bringen.

Man kann sie anwenden, um sich sinnverwandte Informationen einzuprägen. Mit dieser hervorragenden Methode gelingt es außerdem, chemische und physikalische Gleichungen und neue, schwierig zu merkende Arzneimittelnamen abzuspeichern. Sie eignet sich als Vorübung, um sich Personennamen merken zu können.

Zunächst wird die Technik an Inhalten des Allgemeinwissens erläutert. Später wird sie auf pharmazeutische Sachverhalte übertragen.

Übung: Die sieben Weltwunder der Antike

Der Schriftsteller Antipatros von Sidon, ein griechischer Dichter aus dem 2. Jahrhundert vor Christus, beschrieb die heute geläufige Liste der klassischen sieben Weltwunder der Antike. Sie umfasste die imposantesten Bauwerke seiner Zeit und seines Kulturkreises.

Die Liste bestand aus folgenden Bauwerken:

1. Die hängenden Gärten der Semiramis zu Babylon
2. Der Koloss von Rhodos
3. Das Grab des Königs Mausolos in Helikarnassos
4. Der Leuchtturm vor Alexandria
5. Die Pyramiden von Gizeh
6. Der Tempel der Artemis in Ephesos
7. Die Zeusstatue in Olympia

Die Gedächtnistrainerin Luise Sommer empfiehlt folgende Geschichte, um sich die Bauwerke einzuprägen (11):

Von den Bauwerken sind heute nur noch die Pyramiden erhalten. Deshalb beginnt die Geschichte dort. Der Pharao schläft in seiner Pyramide (Die Pyramiden von Gizeh), als er durch lautes Klopfen geweckt wird. Mit lauter Stimme erbittet jemand seine Unterstützung: »Zu Hilfe! Der alte Zeus (Zeusstatue in Olympia) will mich mit Artemis (Artemistempel in Ephesos) verheiraten. Ich will aber nicht, denn die will mich nur als Gärtner (Die hängenden Gärten von Babylon), weil ich so groß und stark bin.« Als der Pharao die Tür öffnet, sieht er einen riesigen Koloss (Der Koloss von Rhodos) vor sich, der plötzlich einen spitzen Schrei des Erschreckens ausstößt und flieht, und zwar auf die Spitze eines Leuchtturms (Der Leuchtturm von Alexandria). Als der Pharao sich nach der Ursache des Erschreckens umschaut, sieht er eine kleine Maus (Das Mausoleum von Helikarnassos) auf ihren kurzen Beinchen flink davon rennen.

Die eben kennengelernte Technik wird nun auf die neuen sieben Weltwunder übertragen. Im Jahr 2007 wurde eine Liste der neuen sieben Weltwunder veröffentlicht.

Übung: Die neuen sieben Weltwunder

Dazu gehören:

1. Die Maya-Ruinen auf der Halbinsel Yucatan in Mexico
2. Die Chinesische Mauer
3. Die Christusstatue in Rio de Janeiro
4. Das Kolosseum in Rom
5. Die Inkastadt Machu Picchu in Peru
6. Die Felsenstadt Petra in Jordanien
7. Das Grabmal Taj Mahal in Indien

Diese Liste soll wiederum in eine Geschichte eingebettet werden. Kritik an der Auswahl der Bauwerke ist in diesem Zusammenhang unerheblich.

Man stelle sich vor (Abb. 46), dass Winnetou auf einer Landkarte steht, auf der man Mexiko erkennt (Maya-Ruinen). Nun beginnt Winnetou einen Spaziergang und balanciert zunächst auf der chinesischen Mauer. An deren Ende steht eine riesengroße Statue mit ausgebreiteten Armen, die Christusstatue von Rio de Janeiro, die ihn an die Hand nimmt und hinüberleitet zum nächsten Bauwerk, auf dessen Rand er weiter spazieren geht, dem Kolosseum in Rom. Als dieses Bauwerk abgeschritten ist, findet er sich mitten in der Inkastadt Machu Picchu wieder. Als er sich dort umschaut, entdeckt er auf dem Boden liegend eine Ausgabe der Frauenzeitschrift Petra (Die Felsenstadt in Jordanien). Als er diese genauer betrachtet, zeigt das Titelblatt ein Foto des indischen Grabmals Taj Mahal.

Abb. 46:
Die neuen 7 Weltwunder

Übung: Die neun Planeten im Abstand zur Sonne

In Kap. 3.3 ist zum Einprägen des Abstandes der neun Planeten zur Sonne bereits ein hilfreicher Merksatz besprochen worden: »Mein Vetter erklärt mir jeden Samstag unsere neun Planeten.« Es gibt zu diesem Sachverhalt noch einen zweiten Merksatz, um sich die Reihenfolge einzuprägen: »Mein verdammt eigensinniger Mann jagt seit Urzeiten neun Pinguine.« Sicher sind diese Sätze zunächst hilfreich. Wahrscheinlich wird man sich jedoch nach einem längeren Zeitraum an nicht viel mehr erinnern als daran, dass es mal zwei Sätze gab, und zwar mit Vettern und Pinguinen.

Der renommierte amerikanische Gedächtnistrainer Tony Buzan hat die Planeten in einer Geschichte miteinander verwoben, die man besser behalten kann (22):

Die Sonne strahlt heiß am Firmament. Neben der Sonne hängt ein Quecksilberthermometer (Mercurius, Merkur), das durch die Hitze zerspringt. Kleine Quecksilberkügelchen tanzen nun in der Atmosphäre. Sie locken eine wunderschöne, feenhafte, im Himmel wohnende Göttin (Venus) heran, die mit den Kügelchen spielt. Plötzlich fällt ihr eine Kugel aus der Hand. Sie fällt und fällt, bis sie mit einem lauten Bums im eigenen Garten landet. Der heftige Aufprall wirbelt Gartenerde (Erde) auf, die bis in den Garten des Nachbarn spritzt. Das erzürnt diesen sehr. Er kommt mit Zornesröte im Gesicht zum Gartenzaun, einen Schokoriegel in der Hand haltend (Mars). Als er gerade furchtbar schimpfen will, betritt ein Riese die Szene, der auf der Stirn ein »J« trägt (Jupiter) und den Nachbarn beruhigt. Er trägt ein T-Shirt mit der Aufschrift »SUN« (Saturn, Uranus, Neptun) und trägt eigenartigerweise auf dem Kopf den Comic-Hund von Walt Disney (Pluto).

Wenn man diese Geschichte mit allen Sinnen ausschmückt, die Hitze der Sonne und die Anmut der Venus fühlt, das Aufschlagen der Kugel im eigenen Garten hört, den Geschmack des Schokoriegels auf der Zunge und die Angst bei dem Auftritt des Riesen spürt, dann wird diese Geschichte sehr lange aus dem Gedächtnis abgerufen werden können.

Das Geschichtenerzählen muss geübt werden wie alle anderen Mnemotechniken auch. Man kann mit Sachverhalten beginnen, die man sich schon immer einmal einprägen wollte.

Nun erfolgt die Übertragung der Technik auf pharmazeutische Inhalte.

> *»Je verständlicher ein Vorgang ist, umso einprägsamer ist er für das menschliche Gedächtnis. Je abstrakter ein Vorgang ist, umso leichter vergisst der Mensch ihn.«*
> Baruch Spinoza, niederländischer Philosoph (1632 – 1677)

Wird ein Lichtstrahl durch ein Prisma geschickt, wird er in die Spektralfarben rot, orange, gelb, grün, blau, violett zerlegt.

Beispiel: Anordnung der Spektralfarben

Die Abspeicherung der richtigen Reihenfolge gelingt leicht mit einer Geschichte. Mit einem Beil wird die Sonne gespalten. Dabei kommen ein Rotkohl (rot) und eine Orange (orange) zum Vorschein. Beide streiten sich furchtbar. Die Orange wird sauer wie eine Zitrone (gelb). Sie ärgert sich grün über die Unverschämtheiten und kann sich nur durch das Trinken von größeren Mengen Alkohol beruhigen. So wird sie blau.

Da sie nun torkelt, stürzt sie und bekommt jede Menge blauer Flecken, die sich langsam violett verfärben.

Die Wirkung des Atropins speichert man sicher mit dem Namen der Stammpflanze Atropa belladonna ab. Man stellt sich eine Frau vor, die sich Atropin-Augentropfen in die Augen träufelt. Man beobachtet, wie sie immer schöner wird, weil sich ihre Pupillen durch die sympatholytische Wirkung des Atropins immer mehr vergrößern. Sie ist nun eine wahrhaft schöne Frau, eine »bella donna«.

Beispiel: Wirkung von Atropin am Auge

In Kap. 3.3 ist bereits das Akronym KAGOO besprochen worden, um sich die Arzneimittel zu merken, die eine blutverflüssigende Wirkung haben. Diese Arzneimittel sollen nun in eine Geschichte eingebettet werden, wie in Abb. 47 dargestellt. Die »Schauspieler« dieser Geschichte sind das Blut, Ginkgo, Knoblauch, Omega-3-Fettsäuren, ASS und Orlistat.

Beispiel: Arzneimittel, die das Blut verflüssigen

Ein kleiner Blutstropfen geht spazieren. Er verspürt einen weichen, angenehmen Untergrund. Als er ihn genauer betrachtet, stellt er fest, dass er auf

Abb. 47:
Arzneien mit Wirkung
auf die Blutgerinnung

einem Bett von **Ginkgo**blättern lustwandelt. Plötzlich weht eine Duftfahne um seine Nase, die er als **Knoblauch** identifiziert. Da verspürt er Hunger und ist dankbar, dass am Wegesrand gegrillt wird. Fette Seefische mit einem hohen Gehalt an **Omega-3-Fettsäuren** werden angeboten, die er hastig verschlingt. Das hätte er besser nicht getan, da er, um ein wenig dünner zu werden, eine Kur mit **Orlistat** begonnen hat. Verschämt sucht er ein Plätzchen im Freien, um seiner doch recht flüssigen Notdurft freien Lauf zu lassen. Die unterschiedlichen Erlebnisse beim Spazierengehen bereiten ihm Kopfschmerzen. Glücklicherweise hat er eine **ASS**-Tablette dabei, die er gegen die Schmerzen einnimmt.

So merkwürdig die Geschichte auch klingen mag, sie ist würdig, dass man sie sich merkt. Bei Bedarf kann man sie im Beratungsgespräch aus dem Ärmel schütteln.

Beispiel: Arzneimittel zur Behandlung von Osteoporose

Bei der Behandlung der Osteoporose werden unterschiedliche Arzneimittel eingesetzt, wie Calcium, Vitamin D, Raloxifen, Bisphosphonate, Calcitonin, Parathormon, Fluorid und Strontium. Abb. 48 zeigt eine Übersicht über die Arzneistoffe, die man zusätzlich in folgende Geschichte einbetten kann.

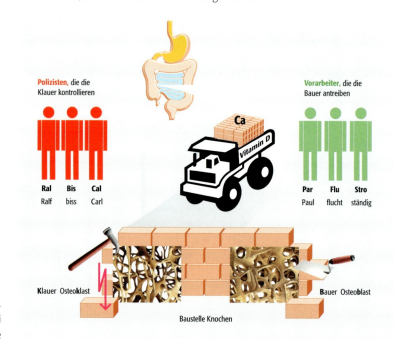

Abb. 48.
Arzneimittel bei
Osteoporose

Der Knochen ist wie das Gehirn ständig ein »Werk im Werden«, eine ewige Baustelle, an der einige Arbeiter, die Osteo**b**lasten, ihn fortwährend mit Mörtel und Kelle auf**b**auen. Andere Arbeiter, die Osteo**kl**asten, bearbeiten ihn mit der Spitzhacke und **kl**auen Baumaterial. Damit die Knochenbauer bei ihrer Arbeit nicht erlahmen, gibt es Vorarbeiter, die sie antreiben. Diese Vorarbeiter sind **Pa**rathormon, **Fl**uorid und **St**rontium, die man sich mit dem Merksatz »**Pa**ul **f**lucht **st**ändig« merken kann. Neben den Vorarbeitern, die den Knochenaufbau beaufsichtigen, gibt es Polizisten, die **k**ontrollieren, dass die Knochen**k**lauer, die Osteo**k**lasten, nicht zu viel Baustoff klauen. Die osteoklastenkontrollierenden Polizisten sind **Ra**loxifen, **Bis**phosphonate und **Ca**lcitonin. Man merkt sie sich mit dem Satz: »**Ra**lf **bis**s **Ca**rl.«

Das Baumaterial für den Knochen ist das *Calcium*. Es wird in dem Bauhof »Darm« bereitgestellt. Damit es sicher zum Knochen gelangt, braucht es ein Calciumtaxi, einen Lastwagen, der den Baustoff dorthin transportiert. Dieses Calciumtaxi ist das *Vitamin D*.

Hat man eine Übersicht, gelingt es leicht, weitere Informationen über die verwendeten Arzneistoffe anzuhängen.

Wer versucht, die komplizierte Wirkung von Arzneimitteln in eine Geschichte zu verwandeln, erhält eine gute Grundlage, um sie patientenorientiert im Beratungsgespräch so erläutern zu können, dass der Patient »sich ein Bild« von der Wirkung machen kann. Je besser ein Patient versteht, was die Arznei im Körper bewirkt, desto eher wird er zur Compliance bereit sein.

Beispiel: Wirkung der Statine

Die Statine führen als HMG-CoA-Reduktase-Hemmer zu einer Blockade des Schlüsselenzyms der Cholesterolbiosynthese, die HMG-CoA in Mevalonsäure überführt. Sinkt durch die Hemmung des Enzyms in der Leber die intrahepazytäre Cholesterolkonzentration, werden im Sinne eines Feedback-Mechanismus mehr LDL-Rezeptoren gebildet, um mehr Cholesterol aus dem Blut aufzunehmen. Als Folge nimmt die LDL-Konzentration im Blut ab und das Gesamt-Cholesterin sinkt.

Diese Wirkung könnte man dem Patienten mit der in Abb. 49 abgebildeten Geschichte erläutern.

Jede Zelle der Leber besitzt eine kleine Fabrik, die ständig Cholesterin bildet. Das Arzneimittel wirkt auf diese kleine Fabrik ein und drosselt deren Aktivität. Folglich nimmt der Cholesteringehalt in der Zelle ab. Da die Zelle Cholesterin zum Leben braucht, fährt sie kleine Staubsauger an ihrer Oberfläche aus, die aus dem vorbei rauschenden Blut vor allem das »**lie**d**e**rliche« Cholesterin, das **LDL**-Cholesterin, wegsaugen. Dieses aus dem Blut stammende Cholesterin wird dann in den Zellen verarbeitet, der Cholesterinspiegel des Menschen sinkt. Außerdem erhöht sich der Wert des positiven, des **HDL**-, des »**H**ab-**D**ich-**L**ieb«-Cholesterins.

Beispiel: Wirkung von Interferon bei Hepatitis

Dem Einsatz von Interferon zur Behandlung von Hepatitis B und C liegt ein komplizierter Wirkmechanismus zugrunde.

Das Wort Interferon kommt von interferieren. Interferone interferieren mit dem Zellstoffwechsel. Sie binden an spezifische Membranrezeptoren der Zelloberfläche und starten eine komplexe Kette intrazellulärer Vor-

Abb. 49:
Wirkung der Statine

gänge. Durch Inhibition der Virusreplikation wirken sie antiviral, durch Suppression der Zellproliferation wirken sie antiproliferativ und durch Modulation des Immunsystems immunmodulierend. Bei der Behandlung der Hepatitis stehen die antivirale und die immunmodulierende Wirkung im Vordergrund.

Da die monatelang durchzuführende Therapie mit Interferonen bei Hepatitis mit zum Teil schweren Nebenwirkungen behaftet ist, muss dem Patienten die Wirkung verständlich erklärt werden. In Abb. 50 ist die Geschichte illustriert.

Interferone sind Polizisten. Sie haben Wind davon bekommen, dass Diebe in ein Haus eingebrochen sind.

Zum Schutz der Bewohner unternehmen sie Folgendes:

1. Sie klingeln an Häusern an, in denen Diebe = Viren vermutet werden und klären die Bewohner über wirksame Maßnahmen zur Selbstverteidigung auf, die zur Beseitigung der Diebe = Viren führen.
   Das Anklingeln symbolisiert das Andocken an spezifischen Rezeptoren der Zelloberfläche. Das Training in Selbstverteidigung umfasst die Induktion der Ausschüttung von zelleigenen Enzymen, die zu einer Blockade der viralen Proteinsynthese und damit zu einer Viruselimination führen.

Abb. 50:
Wirkung der Interferone

2. Die Polizisten klingeln auch an Nachbarhäusern, warnen die Bewohner vor Dieben und erklären, wie sie sich vor einem Einbruch schützen können.
Dieses Bild symbolisiert den Schutz benachbarter, noch nicht von Viren befallener Zellen. In diesen wird durch Interferone die Bildung einer Proteinkinase induziert, die bei Befall die Translation der Virus-RNA hemmt und so die Ausbreitung verhindert.

3. Zur weiteren Verstärkung fordern die Polizisten eine Spezialeinheit Wachpersonal an, die verstärkt in dem einbruchgefährdeten Gebiet Patrouille geht und mögliche Diebe aufspürt, bevor sie einbrechen können. Dadurch wird der Einbruchschutz wirkungsvoll verstärkt.
Das zusätzliche Wachpersonal besteht aus den zum Immunsystem gehörenden Killerzellen, Makrophagen und Lymphocyten, deren Bildung durch Interferon induziert wird.

Mit Hilfe dieser Erklärung gelingt es dem Patienten leichter, sich ein positives Bild von der belastenden Therapie mit Interferon zu machen.

Das Geschichtenerzählen eignet sich ebenfalls dafür, Gleichungen sicher im Gedächtnis abzulegen. Da Gleichungen häufig mit Buchstaben arbeiten, sollte man für die einzelnen Buchstaben Bilder finden (16).

Das Abspeichern von Gleichungen

Anregungen für mögliche Bilder findet man leicht, wenn man unter den entsprechenden Buchstaben im Duden oder Wörterbuch nachschaut.

Das Bilder-ABC Für die einzelnen Buchstaben eignen sich unter anderem die folgenden Bilder (Abb. 51):

Abb. 51:
Bilder-ABC

A Affe, Amaryllis, Afrika, Aktenordner, Angel, Arm, Apfel
B Brust, Badeanzug, Butter, Besen, Berg, Biene
C Cabrio, Cäsar, Caddy, Camembert, Cello, Camilla, Charles, Clown
D Dübel, Duodenum, Dahlie, Deich, Dia, Diskette, Dragee
E Efeu, Eierbecher, Eidechse, Elisabeth, Ellbogen, Einstein, Elefant
F Fuchs, Flöte, Fußball, Franzbranntwein, Faltenrock

G Gärtner, Geige, Gabel, Geldschein, Grill, Glasscheibe
H Huhn, Hase, Hortensie, Herz, Heu, Hockey, Himmel
I Iris, Ikone, Iltis, Ikebana, Indien, Insel, Indianer, Ionenbesen
J Joghurt, Jäger, Janker, Jasmin, Junge, Johanniskraut
K Kanüle, Kardamom, Kaffee, Kümmel, Kabel, Kamille, Kübel, Käfer, Kuh
L Lauch, Löffel, Lunge, Löwe, Löwenzahn, Labyrinth, Lamm, Lametta
M Mädchen, Mayonnaise, Meer, Maus, Mücke, Markklößchen, Muschel
N Narbe, Nelke, Nuss, Napoleon, Neandertaler, Nest
O Olive, Okraschote, Orchidee, Opernsänger, Opa, Oma
P Pflaster, Pfefferminze, Pfingstrose, Professor, Pfeife, Plumeau
Q Qualle, Quelle, Quendel, Quadrat, Quecksilber, Queen, Quark
R Regenschirm, Rose, Ring, Radieschen, Ramses, Rakete
S Suppe, Sonne, Salami, Seife, Siegel, Sense, Schwein, Säge
T Tasse, Teller, Tomaten, Tiger, Taube, Thron, Tippelbruder
U U-Boot, Untertasse, Uhu, Usambaraveilchen, Ukulele, Uhr
V Vogel, Vergissmeinnicht, Vanille, Vater, Ventil, Vignette
W Winnetou, Waage, Wurm, Wasser, Weintrauben, Wippe
X X-Beine, X-Chromosom, Xylophon, Xanthippe
Y Yacht, Ypsilanti, Yamswurzel, Yak
Z Ziege, Zucker, Zwiebel, Zollstock, Zirkus, Zwieback, Zigeuner

In der Physik gilt, dass der Druck, P, gleich dem Quotienten aus Kraft, F, und Fläche, A, ist.

Beispiel: Druck gleich Kraft durch Fläche

$$P = \frac{F}{A}$$

Die Abkürzungen sind englischen Ursprungs, der Druck P steht für Pressure, die Kraft F für Force und die Fläche A für Area.

An dieser sehr einfachen Formel soll das Prinzip des Bebilderns erklärt werden.

Man könnte zum Abspeichern folgendes Szenario vor seinem geistigen Auge sehen: Von einer Zitronen**p**resse, **P**, weisen Schienen, das Gleichzeichen, auf eine Hebebühne, den Bruchstrich. Auf der Hebebühne, über dem Bruchstrich, steht ein Militär-**F**lugzeug der Royal Air **Force**, **F**. Unter der Hebebühne, dem Bruchstrich befindet sich ein umzäuntes **Areal**, **A**.

Sicher ist es ungewöhnlich, eine Formel in Bilder einzukleiden. Bei einfachen Formeln wie der oben gezeigten bedarf es kaum solcher Bilder. Wird die Formel jedoch komplizierter, kann das Bebildern hilfreich sein, da das Erinnerungsvermögen gestärkt wird.

Sowohl im Labor als auch in der Rezeptur werden Flüssigkeiten unterschiedlicher Konzentrationen gemischt. Für fast alle Anwendungen kann die allgemeine Mischungsformel verwendet werden.

Beispiel: Berechnung zum Mischen von Flüssigkeiten

$$c\ res = \frac{m_1 \times c_1 + m_2 \times c_2}{m_1 + m_2}$$

c res ist die Konzentration des Endproduktes, c_1 und c_2 sind die Konzentrationen der Ausgangsprodukte, m_1 und m_2 der jeweilige prozentuale Massenanteil der Ausgangsprodukte (17).

Diese Gleichung kann in folgender surrealistisch anmutenden Videosequenz wiedergegeben werden. Sie betrachten auf einer Leinwand folgendes Szenario, das sich von links nach rechts abspielt: Charles und Camilla verlassen Arm in Arm das Standesamt, auf dem sie gerade geheiratet haben. Rechts von ihnen geht ein Weg mit einem Kreuz ab. Vor dem Kreuz sieht man, wie Camilla einem Mädchen »mal« die Hand gibt, hinter dem Kreuz schmiert sich Charles ein X mit Mayonnaise auf die Brust. Dann stoppt diese Bewegung, der Boden tut sich auf, Mädchen, Kreuz und Mayonnaise fallen herunter. Die gesamte Filmsequenz wiederholt sich.

Bitte lesen Sie die Geschichte dreimal und lassen dabei das Video vor Ihrem geistigen Auge ganz real ablaufen. Betrachten Sie es einmal im Zeitraffer und einmal in Zeitlupe.

Charles und **C**amilla repräsentieren als Ehepaar **c** res die Konzentration des Endproduktes. Die Ränder des Weges, der rechts abgeht, sind das Gleichzeichen. Das Kreuz auf dem Weg steht für das Plus. Vor dem Plus gibt **C**amilla »mal« dem **M**ädchen die Hand, verbindet sich mit ihm. Das steht für $m_1 \times c_1$. Hinter dem Kreuz schmiert sich **C**harles, **c**2, mit **M**ayonnaise, **m**2, ein X auf die Brust, $m_2 \times c_2$. Nun tut sich die Erde auf, **M**ädchen, **Kreuz** und **M**ayonnaise fallen damit unter die Erdkante, unter den Bruchstrich. Die beiden Massenanteile werden addiert.

Zugegebenermaßen ist die Geschichte sehr merkwürdig. Um sie zu erfinden, muss man sich eingehend mit der Formel beschäftigen. Hat man sie einmal erschaffen, bleibt die Formel für lange Zeit im Gedächtnis.

Berechnung der erforderlichen Menge an Zäpfchengrundlage

Die Berechnung erfolgt nach der Formel

$$M_N = N \times (E - f \times A)$$

M_N ist die erforderliche Einwaage an Grundlage für N Suppositorien in Gramm. N bedeutet die Anzahl der anzufertigenden Zäpfchen, E ist der Kalibrierwert, f ist der Verdrängungsfaktor und A die Suppositorienmasse in Gramm (17).

Begeben Sie sich wieder in Ihr Kopfkino und beobachten Sie folgende Videosequenz, die sich wiederum von links nach rechts abspielt:

Eine Mücke sitzt auf Napoleon, der nach rechts mit beiden Armen auf einen Doppelgänger deutet. Dieser steht durch ein Andreaskreuz getrennt vor einer Tasche, die wiederum rechts von diesem angeordnet ist. Die Tasche öffnet sich. In der Tasche hockt ein Elefant. Mit dem ausgestreckten Rüssel berührt er nach rechts einen kleinen Fuchs. Der Fuchs hat ein Muttermal, auf dem eine Ameise krabbelt. Dann schließt sich die Tasche wieder.

Lesen Sie auch diese Geschichte dreimal und lassen Sie sie wie eben in Zeitlupe und im Zeitraffer vor Ihrem geistigen Auge ablaufen.

Die **M**ücke ist die erforderliche Einwaage **M** an Grundlage. Sie sitzt auf **N**apoleon, weil **N** die Gesamtzahl der Zäpfchen angibt. Napoleons ausgestreckte Arme sind das Gleichzeichen. Er zeigt auf seinen Doppelgänger, **N**, der durch ein Andreaskreuz, das **Malzeichen**, getrennt vor einer Tasche steht. Die Tasche, die sich öffnet, symbolisiert die sich öffnende Klammer. Da kommt der Elefant zum Vorschein, der **E**, den Kalibrierwert, angibt. Der ausgestreckte Rüssel des Elefanten steht für das folgende Minuszeichen. Er deutet auf einen kleinen **F**uchs, ein kleines **f**, das den Verdrängungsfaktor angibt. Das Mutter**mal** des Fuchses symbolisiert das folgende **Mal**zeichen, und die **A**meise, das **A**, die Wirkstoffmasse der Suppositorien in Gramm. Nun schließt sich die Tasche wieder, die Klammer wird geschlossen.

Das Abspeichern neuer Arzneimittelnamen stellt gerade in einem etwas fortgeschrittenen Lebensalter häufig eine echte Herausforderung für das Gedächtnis dar. Die Buchstabenfolge scheint oft sehr willkürlich gewählt. Wenn man einige Patienten in der Apotheke mit dem neuen Arzneistoff versorgt hat, machen die zunächst kompliziert klingenden Namen meist keine Probleme mehr. Zum schnelleren Einspeichern eignet sich das Geschichtenerfinden.

Das Abspeichern neuer Arzneimittelnamen

Ähnlich wie in den vorherigen Beispielen begibt man sich auf Bildersuche. Im Gegensatz sucht man nun aber kein Bild mehr zu einem Buchstaben, sondern ein Bild zu einer ganzen Silbe (16). Der Gedächtniskünstler Harry Lorayne wendete die Methode schon 1957 an (29). Sie ist bereits beim Abspeichern der Vorgänger von Barack Obama besprochen worden. Harry Lorayne findet für Worte und Wortsilben Ersatzworte oder Ersatzbegriffe, die im Klang an das ursprüngliche Wort oder deren Anfangsbuchstaben an einzelne Wortsilben erinnern. Er benutzt diese Methode vor allem beim Vokabellernen. So schlägt er vor, das spanische Wort für Vogel, pajaro, in pa-ja-ro zu zerlegen. Die Silbenfolge merkt er sich mit einem Ersatzbegriff, einem kleinen Satz: »Pa-pa ja-gt Ro-bben.« Das italienische und spanische Wort für Huhn, »pollo«, prägt er sich dadurch ein, dass er sich ein überdimensionales Huhn vorstellt, das Polo spielt. Das englische Wort für Schlauch »hose« kann man sich merken, wenn man sich vorstellt, wie ein Feuerwehrmann statt mit einem Schlauch mit einer Hose das Feuer löscht.

Um assoziierfähige Silben zu finden, ist es hilfreich, Teile des Namens am Anfang oder am Ende abzudecken. Dann werden die Gedanken auf die Reise geschickt. Man kann vor sich hin murmeln: »Das klingt so ähnlich wie ...« oder »Das erinnert mich an ...« oder »Die Buchstabenfolge kommt auch bei ... vor.« Wenn sich keine brauchbaren Assoziationen einstellen wollen, hilft das Nachschlagen im Duden unter den gesuchten Silben.

Wichtig ist es, spielerisch an die Bildersuche heranzugehen und die Scheu vor ungewöhnlichen Kreationen abzulegen. Will sich trotz guter Voraussetzungen jedoch keine Geschichte ergeben, so setzt man die Suche zu einem späteren Zeitpunkt unverkrampft fort.

Vorschläge für Symbole von Silben

ab	= Abend(b)rot	fal	= Faltenrock	la	= Lauch
af	= Afrika	ga	= Gabelstapler	lu	= Lunge
am	= Amaryllis	ge	= Geige	na	= Nacht
an	= Angel	id	= i-Dötzchen	nu	= Nutella
ar	= Arm	ig	= Igel	per	= Peru
da	= Dahlie	im	= Imker	s.u.	= Suppe
de	= Delle	in	= Insel	sa	= Sahne
di	= Lady Di	ir	= Irland		
ein	= Einstein	kan	= Kanüle		

Die Technik der Ersatzworte/Ersatzbegriffe wird nun auf pharmazeutische Beispiele übertragen.

Beispiel: Neues Statin Rosuvastatin/Crestor®

Ein neues Statin ist in die Therapie eingeführt worden mit dem INN-Namen Rosuvastatin und dem Handelsnamen Crestor®. Zunächst werden beide Namen in Silben getrennt. Dann wird für die Silben ein passender bildhafter Begriff gesucht.

Der INN-Name wird getrennt in Ro-su-va-statin, der Handelsname in Crest-or.

Die Abspeicherung der Endung »-statin« wird wahrscheinlich keine Mühe machen. Für das **Ro** steht die **Ro**se, für das **su** die **Su**ppe und **va** ein **Va**mpir. Eine **Ro**se liegt in einem Teller mit **Su**ppe und wird von einem **Va**mpir herausgefischt, der aller Wahrscheinlichkeit nach einen zu hohen Cholesterinspiegel hat.

Man kann sich als Fortsetzung der Geschichte vorstellen, dass der Vampir eine Packung vorzügliche Schweizer **Crest**a Schokolade mit Wonne **or**al verschlingt.

Beispiel: Erster Renin-Inhibitor Aliskiren/Rasilez®

Der INN-Name Aliskiren wird in Ali-ski-ren getrennt, der Handelsname Rasilez® in Ras-i-lez.

Der Scheich **Ali** fährt **Ski**, als er am Wegesrand ein **Ren**tier sieht, Aliskiren. Bei einer **Ras**t am Berg sieht er einen **I**ltis, der tatsächlich eine Flasche Buer **Lec(z)**ithin auf dem Rücken trägt, Rasilez.

Wenn der INN-Name in Orl-ist-at getrennt wird, kann man sich folgende Geschichte vorstellen: Ein **Orl**eaner, ein Bürger der Stadt Orleans, **is**t **a**lte **T**omaten. Leider ist nicht überliefert, ob daraus das Übergewicht resultiert. Sicher ist aber, dass es sich um einen türkischen Mitbürger der Stadt handelt, der auf den Namen **Al**l**i** hört.

Beispiel:
Orlistat/Alli®

Der INN-Name kann in Palif-ermin, der Handelsname in Kepi-vance getrennt werden.

Beispiel:
**Wachstumsfaktor
Palifermin/Kepivance®**

Die Silbe Palif erinnert an einen Kalifen. Wenn man nicht weiß, dass ein als Kalif bezeichneter arabischer Würdenträger Fez, Seidenweste und Pluderhose trägt, muss man in einem Buch oder im Internet nach einem Bild suchen.

Da der Kalif mit einem K beginnt, der INN-Name jedoch mit einem P, bekommt der Kalif in Gedanken einen **P**anther für das **P** auf den Kopf gesetzt, **Palif**. Bei der zweiten Buchstabenfolge kann man an eine Frau namens Hermine, **ermin**, denken. Harry-Potter-Fans haben keine Schwierigkeiten, sich Hermine Granger am Arm eines Kalifen vorzustellen. Wer mit Harry Potter nicht vertraut ist, kann sich am A**ermel** des Kalifen die Umrisse der Insel Sylt oder einer ihm vertrauten **In**sel vorstellen.

Der erste Teil des Handelsnamens wird durch eine Kappe/ein Käppi dargestellt, **Kepi**, auf dem eine Wanze, **vance**, krabbelt.

Ein neues Antidepressivum ist in die Therapie eingeführt worden. Der INN-Name Agomelatin wird in Ago-mel-a-tin getrennt, der Handelsname Valdoxan® in Val-do-xan.

**Beispiel: Neues Antide-
pressivum Agomelatin/
Valdoxan®**

Auf einem griechischen Marktplatz, der **Ago**ra, fließt Honig/**Mel** auf dem Boden. Eine **A**meise schleckt den Honig, der durch **Tin**te ganz blau gefärbt ist. Daneben steht am **Val**entinstag **do**rt eine **Xan**thippe und beobachtet den Vorgang.

Der INN-Name Natalizumab wird getrennt in Nata-li-zum-ab, der Handelsname Tysabri® in Tys-abri.

**Beispiel: Monoklonaler
Antikörper
Natalizumab/Tysabri®**

Ein Schüler namens **Nat**han l**i**est **zum Ab**itur einen spannenden Roman mit dem Titel: Der **T**hy**s**sen-**Abri**ss.

Exenatid imitiert als Inkretin-Mimetikum die Wirkung des Glucagon like Peptide (GLP-1). Der INN-Name wird getrennt in Exe-nat-id, der Handelsname in By-etta.

**Beispiel: Antidiabeti-
kum Exenatid/Byetta®**

Man stellt sich vor, dass eine Echse/**Exe** an einer **Na**ht entlang läuft. Am Ende der Naht sitzt tatsächlich ein **I-D**ötzchen, wie man im rheinischen Dialekt einen Erstklässler nennt, mit einer Schultüte, Exenatid. Die Abspeicherung der ersten Silbe wird vereinfacht, wenn man weiß, dass der Arzneistoff tatsächlich in dem Sekret von Echsen entdeckt worden ist. Das I-Dötzchen zieht nun Fleißbildchen aus der Schultüte, die es fortwirft. Auf Englisch ruft es »**Bye**« hinterher. Für den Oldtimerfreund ist auf dem Fleißkärtchen eine Is**etta**, die alte BMW-»Knutschkugel«, abgebildet. Der Motorrollerfreund findet dort eine italienische Lambr**etta**. Der Barockbegeisterte erfreut sich an einer Abbildung von Kloster **Etta**l in Bayern. Alternativ könnte das I-Dötzchen auch Lam**etta** vom Baum werfen, Byetta.

Beispiel:
Antidiabetikum
Liraglutid/Victoza®

Das zweite Inkretin-Mimetikum Liraglutid wird getrennt in Lira-glut-id und der Handelsname in Victo-za. Man stellt sich vor, wie alte italienische **Lira** in einem Feuer, in der **Glut** verbrennen. Die Geschichte spielt vor einer Filiale der **Id**una®-Versicherung. Nun kommt ein Mann namens **Victo**r. Er möchte das Geld retten, um damit zu **za**hlen. Wahrscheinlich verbrennt er sich dabei die Finger.

Beispiel: Lenalidomid/
Revlimid®

Der INN-Name wird in Lena-lido-mid getrennt, der Handelsname in Rev-limid. Ein kleines Mädchen namens Lena möchte mit in den Vergnügungspalast Lido und bettelt bei der Mutter in kindlicher Sprache: »**Lena Lido mit!**« Das geht jedoch nicht, da die dortige **Rev**ue für Kinder **limit**iert ist.

Beispiel: Prednison/
Lodotra®

Lodotra® ist eine neue, retardierte Prednison-Zubereitung, die dem Rheumapatienten nächtliches Aufwachen zur Einnahme des Corticoids erspart.

Den Handelsnamen trennt man in Lod-ot-ra und stellt sich folgende Geschichte vor. Mit einem Lodenmantel bekleidet rast Otto durch die Landschaft, **Lo**den-**Ot**to **ra**st. Sollte man eine Merkhilfe für Prednison benötigen, kann man sich vorstellen, dass er ein Brett sucht, das sonor niest, B(**P** re**tt**(**d**) **ni**est **son**or.

(Keine) Angst vor
falschen Assoziationen

Sicher wird mancher Zweifel hegen, ob die Anhaltspunkte ausreichen, den Namen zu erinnern. Wer sie ausprobiert, wird angenehm überrascht werden und Zutrauen in die Methode entwickeln. Abb. 52 zeigt, dass das menschliche Gehirn sehr wohl etwas mit Anhaltspunkten anfangen kann.

Abb. 52:
Anhaltspunkte
für das Gehirn

Trotz Überblendung der Bilder können beide eindeutig identifiziert werden.

Es ist von großer Bedeutung, unverkrampft, spielerisch an die Bildsuche, an die Geschichte, heranzugehen. Man muss mit den Silben jonglieren, sich leichtfüßig vom Klang leiten lassen. Man will und man wird den manchmal sperrigen Begriffen ein Schnippchen schlagen. Die Geschichten müssen nicht perfekt sein. Dem Gedächtnis reicht meist ein kleiner Fingerzeig. Ein Gedankenblitz leuchtet auf und erhellt dadurch den gesamten Begriff.

Am besten bleiben die Geschichten und Bilder haften, wenn man sie selbst erfindet. Wenn man sie einige Male wiederholt hat, braucht man sie nicht mehr, weil die Namen ebenso fest in der Erinnerung verankert sind wie Acetylsalicylsäure und Aspirin®.

Testen Sie Ihren Lernerfolg, verarbeiten Sie die Inhalte, bevor Sie **Test**
weiterlesen! Beantworten Sie folgende Fragen am besten laut murmelnd:
- Nennen Sie die richtige Reihenfolge der Spektralfarben!
- Erklären Sie einem Patienten die Wirkung der Statine!
- Wiederholen Sie die Gleichung zum Mischen in der Rezeptur!
- Was versteht man unter Ersatzworten/Ersatzbegriffen?
- Wie erinnern Sie den ersten Renin-Inhibitor?
- Wie erinnern Sie den Begriff Orlistat?

3.8 Gesichter und Namen merken

Familiennamen gibt es im deutschen Sprachraum seit Beginn des 15. Jahrhunderts. Erst 1875 wurden sie durch die Einführung von Standesämtern festgeschrieben. Sie ergänzen den Vornamen zur besseren Unterscheidbarkeit.

Der Schriftsteller Siegfried Lenz spricht davon, dass Namen eigene Welten evozieren, Zeichen geben und an unsere Vorstellungskraft appellieren (3). Unzweifelhaft rufen sie Bilder und Assoziationen hervor. Don Quichote versinnbildlicht vergeblichen Kampf, Werther Leidenschaft, Faust vereinigt hohe Gelehrsamkeit mit Fehlbarkeit, Hauke Haien steht für Einsamkeit und Effi Briest für Grazie und Übermut. Namen sind für Thomas Mann »ein Stück des Seins und der Seele«.

Viele Menschen behaupten, ein schlechtes Namensgedächtnis zu haben. Tatsächlich soll das Namensgedächtnis nach der fünften Lebensdekade abnehmen (2), so dass Hilfen bei der Namensspeicherung willkommen sind.

Die Bedeutung des Namens für Kunden und Team

Der Name erfüllt eine wichtige gesellschaftliche Funktion. Er macht den Menschen zu einem unverwechselbaren Individuum und begleitet ihn von der Wiege bis zur Bahre.

Die Kenntnis der Namen der Apothekenkunden und gezieltes Anreden bringen Vorteile für das Team und für die Apotheke.

> *»Ein Name ist nichts Geringes.«*
> Johann Wolfgang von Goethe, deutscher Dichter (1749 – 1832)

Jeder hört seinen eigenen Namen gern. Das Gefühl wird positiv angesprochen. Der Kunde bekommt den Eindruck, in dieser Apotheke ein beMERKEN-swerter Mensch zu sein. Das Anreden mit Namen ruft für alle Beteiligten eine vertraute Atmophäre hervor. Außerdem wird das Aufnahmevermögen erhöht, da der Kunde nun weiß, dass die Beratung speziell auf seine Person zugeschnitten ist.

Es ist der beste »erste Eindruck«, den das Apothekenteam hinterlassen kann. Für den gibt es bekanntermaßen keine zweite Chance. Das Anreden mit Namen ist deshalb eins der besten Instrumente, die Kundenbindung zu erhöhen.

Auch wirkt sich die Namensnennung positiv auf den Berater aus. Er bekommt automatisch Kompetenz zugesprochen und erhöht seinen eigenen Bezug zum Kunden. Das erhöht das Wohlgefühl, das Vertrauen auf beiden Seiten.

Außerdem erleichtert das Kennen der Namen die Kommunikation im Team. Notwendige Informationen können mit Namensnennung sicher ausgetauscht und behalten werden.

Eine lohnenswerte Investition

Es lohnt sich, in das Training des Namenlernens in der Apotheke zu investieren. Die Voraussetzungen sind in der Apotheke äußerst günstig. Das Lernen der Namen wird durch die Vorlage eines Rezeptes erleichtert, weil der Name nicht erst erfragt werden muss, sondern sogar schriftlich vorliegt. Da gerade Stammkunden die Apotheke häufiger aufsuchen, zahlt sich die einmal gemachte Investition häufig und nachhaltig aus.

Notwendige Voraussetzungen

Jeder Mensch bringt Fähigkeiten mit, Gesichter und Namen in seinem Gedächtnis abzuspeichern. Natürlich fällt es den einen leichter als anderen. Wenig hilfreich ist in diesem Zusammenhang eine negative Konditionierung, in dem man sich jeden Tag neu einredet und bestätigt, dass man Probleme hat, Namen zu behalten. Allein die positive Einstellung, sich Mühe geben zu wollen, Namen zu behalten, verbessert die Situation immens. Durch regelmäßiges Training gelingt es immer, das Namensgedächtnis zu vergrößern.

Viele Menschen behaupten, sich besser an Gesichter als an Namen zu erinnern. Das ist nicht verwunderlich, da das Gesicht als Bild in der rechten Gehirnhälfte abgespeichert wird, während die linke Gehirnhäfte den Namen als Wort bearbeitet. Um das Erinnerungsvermögen zu verbessern, sind drei Schritte zu trainieren.

Anleitung zum Einprägen von Gesichtern

1. Schritt: Die Gesichtsanalyse
2. Schritt: Die Übersetzung des Namens in ein Bild
3. Schritt: Die Verbindung von Gesicht und Namen

Drei Schritte zum Einprägen

Der erste Schritt besteht darin, die Gesichtszüge des Gegenübers genauer zu betrachten und zu analysieren, als es üblich ist. Man betrachtet das Gesicht Punkt für Punkt und konzentriert sich nach und nach auf Haare/Haaransatz, Stirn, Augenbrauen, Augen, Nase, Wangen, Oberlippe, Unterlippe, Kinn, Hals. Was gibt es dort nicht alles zu entdecken! Die Stirn kann hoch oder flach sein, die Augenbrauen buschig oder schmal, die Augen eng- oder weitstehend, die Nase platt oder spitz, gerade oder gebogen, die Wangen prall oder eingefallen, die Lippen voll oder schmal, das Kinn fliehend oder hervorstehend und mitunter hat es sogar einen Doppelgänger.

Anleitung zum Einprägen von Gesichtern

Nun sucht man nach weiteren, individuellen Merkmalen. Gibt es Grübchen, charakteristische Falten, weitere Haare/Bart/Koteletten, Flecken, Pickel, Warzen oder andere Veränderungen der Haut?

Man kann sich dabei vorstellen, die Augen wie zwei Hunde an einer langen Leine zunächst über das Gesicht, dann über Kopf und Oberkörper des Gegenübers laufen zu lassen. Hierbei ist es wichtig, das Gegenüber aufmerksam zu beobachten und nicht nur anzuschauen.

> *»Nichts ist im Verstand, was nicht zuvor in der Wahrnehmung wäre.«*
> Thomas von Aquin, Philosoph und Theologe (1225 – 1274)

Die hervorstechenden, markanten Merkmale lassen sich in der eigenen Vorstellung wie in einer Karikatur übertreiben. Da hat jemand eine lange Nase wie Pinocchio, dichte Augenbrauen wie Theo Waigel, Katzenaugen wie Sophia Loren, spitze Ohren wie Mr. Spock, einen üppigen Mund wie Penelope Cruz oder eine Wespentaille wie Romy Schneider als Sissi.

Wie in Abb. 53 dargestellt, ist es nicht nötig, alle Details des Gesichts exakt zu erfassen. Dem Gehirn reichen Anhaltspunkte, um das Ganze rekonstruieren zu können.

Abb. 53:
Anhaltspunkte
für das Gehirn

Auch ist es hilfreich, nach Ähnlichkeiten mit bekannten oder prominenten Personen zu suchen. Feststellungen wie »Herr Meier sieht so ähnlich aus wie Pavarotti« oder »Frau Lehmann erinnert mich an meine Tante Else« können hilfreiche Anker sein, das Gesicht zu erinnern.

Weiter kann man überlegen, was das Gesicht ausstrahlt, welcher Beruf zu dem Gesicht passen könnte. Die schmale Nickelbrille lässt vielleicht auf einen Buchhalter schließen, das gütige Gesicht auf einen Pastor, die stets dozierende Stimme, das wuschelige Haar, die etwas zerstreut wirkende Art auf einen Professor, das lausbübische Lächeln, die flotte Frisur, das Ear-Piercing auf einen Sozialarbeiter im Kinderhort, der durchgeistigte Gesichtsausdruck auf einen Schriftsteller, der Bubikopf, das sehr gepflegte Äußere und die entschlossene Art auf eine Chefsekretärin, die markigen Gesichtszüge, die dicke schwarze Brille auf einen Bankmanager, der Haarknoten und die Hornbrille auf eine Lehrerin für Deutsch und Geschichte. Man arbeitet hier zugegebenermaßen mit Klischees, Stereotypen und sogar Vorurteilen. Das muss man sich bewusst machen.

Anschließend sollte man die gefundenen Merkmale einige Male murmelnd wiederholen zur akustischen Einprägung und zusätzlich schriftlich fixieren. Als Ergänzung eignen sich selbst erdachte, kleine Hieroglyphen, wie in Abb. 54 dargestellt.

So wird das Gesicht fest im Gedächtnis verankert. Wenn dieser Vorgang abgeschlossen ist, wendet man sich dem Namen zu.

Anleitung zum Einprägen von Namen Für den zweiten Schritt wird der Name zunächst analysiert. Danach wird versucht, ein Bild für ihn zu finden. Anleitungen dazu finden sich in vielen Büchern zum Gedächtnistraining (9, 11, 18, 20, 23, 25, 27, 29).

Die 100 häufigsten Familiennamen in Deutschland liefern ausnahmslos alle direkt ein Bild. Dabei beziehen sich ca. 40 Namen auf eine Berufsbezeich-

	Amulett		Kinn/Grübchen
	Schnauzer		lange Haare
	Lächeln		geflecktes Hemd
	Brille		weißer Bart
	Locken		Schnauzer (größer)
	Dreitagebart		Fransenhaar
	Hals		Knöpfe
			Brillensteg

Abb. 54:
Gesichtshieroglyphen

nung, wie Müller, der häufigste deutsche Familienname, oder Schneider. Fünfzehn Familiennamen gehen auf Vornamen zurück, wie Werner, Hermann oder Walter. Bezieht man die Familiennamen mit ein, die mit dem lateinischen Genitiv gebildet werden, wie Pauli, Jacobi oder Caspari und die, die den Namenträger als Sohn von ... charakterisieren, wie Hansen, Peterson, Jansen, wird diese Gruppe noch größer. Auf Eigenschaften beziehen sich ca. zehn der 100 gebräuchlichsten Namen, wie Klein, Schwarz oder Lang(e).

Eine Klassifizierung der Namen erleichtert die Bildersuche. Alle Namen lassen sich in eine der vier Gruppen einteilen:

Einteilung der Familiennamen

1. Bild-Namen
Diese Namen lassen sich direkt als Bild vorstellen. Dazu zählen
– Berufsnamen, wie Bauer, Knecht, Schuster/Schumacher, Kellner, Kaufmann, Köhler, Bäcker/Becker, Metzger, Küster, Schäfer, Richter, Seemann, Schiffer, Schneider, Förster, Krämer, Weber, Fischer, Gärtner, Bischof.
– Eigenschaftsnamen, wie Klein, Groß, Lang, Kurz, Rot, Schwarz, Grau, Weiß, Kühn, Laut, Reich, Rau, Kraus, Wild, Jung, Alt, Süß, Sauer, Stark, Hart, Braun.
– Tiernamen, wie Vogel, Fuchs, Käfer, Hase, Wurm, Hahn, Geier, Adler, Falke, Bock, Kleiber, Rabe, Luchs/Lux, Strauß.
– Adelsnamen, wie Kaiser, König, Herzog, Graf, Baron, Edelmann, Prinz.
– Namen von Pflanzen/Pflanzenteilen wie Rose, Kohl, Laub, Stamm, Baum, Blume, Strauch, Zweig.

– andere Bilder, wie Mohr, Bach, Zimmer, Maske, Panzer, Holz, Brand(t), Krone, Walzer/Waltz, Tasche, Schild, Ritter.

Man stellt sich einen Herrn Schuster oder Schumacher oder Schumann als jemanden vor, der gerade Schuhe besohlt. Vielleicht riecht man auch den Ledergeruch einer Schusterwerkstatt. Frau Schäfer hütet Schafe oder hat sich ein Lamm wie einen Schal um den Nacken gelegt. Bei Herrn Bäcker/Becker klebt Brotteig an den Fingern und sogar an der Nasenspitze oder er trägt als Schulterklappen zwei Brötchen.

Frau Roth hat vielleicht ein rot geschminktes Gesicht oder eine knallrote Nase, und Herr Brandt brennt lichterloh.

Manche Familiennamen gibt es in verschiedenen Schreibvariationen, wie Schmied, Schmid, Schmidt, Schmitt und Schmitz. Auch diese Variationen lassen sich abspeichern. Das Bild für den Schmied ist ein Vorschlaghammer, der je nach Schreibweise variiert wird. Die Namen Schmied und Schmid haben einen weichen Klang. Deshalb besteht der Vorschlaghammer aus Gummi. Beim »Schmieden« biegt er sich eigenartig in der Luft. Schmidt, Schmitt und Schmitz haben einen harten Klang. Sie bekommen deshalb den normalen, unbiegsamen Vorschlaghammer. Bei der Aussprache unterscheiden sich Schmitt und Schmidt nicht. Sie bekommen beide das gleiche Symbol – den harten Hammer. Bei Schmitz hingegen kommt ein »Z« dazu. Das Bilder-ABC in Kap. 3.6 hilft, sich diesen Unterschied zu merken. So könnte der harte Vorschlaghammer in der Hand von Frau Schmit**z** mit einem **Z**ebrafell oder mit **Z**ucker überzogen sein.

Eine Untergruppe der Bildnamen sind die Vornamen. Vornamen speichert man anders ab als Nachnamen. Man versucht für den Vornamen ein Klangbild oder ein Namenssymbol zu finden, das an den Namen erinnert. Herrn Friedrich speichert man mit dem Bild Friedrichs des Großen ab, Herrn Gregor beim Singen eines gregorianischen Chorals, Herrn Peter als Fels oder wie Petrus aus der Bibel mit dem Himmelsschlüssel, Herrn Kurt mit einem Gurt, Herrn Paul als Papst Paul VI., Herrn Walter an der Seite von Walther von der Vogelweide, Herrn Andreas mit einem Andreaskreuz, Frau Herrmann mit zwei Männern als Herr und Mann, Herrn Michael mit zwei Flügeln als Erzengel. Herr Werner könnte mit stets erhobenem Zeigefinger als Warner dargestellt werden, am besten mit einem Elefanten auf dem Kopf für das »E« oder an der Seite von Wernher von Braun.

Eigenartigerweise gibt es nur wenige weibliche Vornamen, die auch Nachnamen sind. Sie sind meistens so verändert worden, dass man den Vornamen nicht mehr erkennt. So leitet sich der Nachname Tilgner von Ottilie ab, der Name Merken von Maria. Diese Namen gehören jetzt in Gruppe 4.

2. Zusammengesetzte Namen
Diese Namen bestehen aus zwei Bestandteilen. Wenn man den Namen in diese zerlegt, kann man ihn ebenfalls gleich als Bild sehen. Den Na-

men Fleischmann stellt man sich als Fleisch und Mann vor, den Namen Beckenbauer als Becken und Bauer. Ähnlich verhält es sich mit Baumann, Schellhase, Baumgärtner, Vogelpohl, Erdmann, Feuerstein, Hildebrand, Kuhlenkampf, Wüstenrot, Lämmerhirt, Rappenberg, Schimmelpfennig, Bussmann, Buschmann und Kaminski.

3. Variationsnamen

Diese Namen lassen sich durch das Streichen oder Hinzufügen von einem oder zwei Buchstaben direkt als Bild vorstellen. Der Name Kanner wird zu Kanne, Scheer zur Schere, Döbel zu Dübel, Blokus zu Lokus, Wiegel zu Wiege, Wuhlke zu Wolke, Kirsch zu Kirsche, Wollner zu Wolle, Rother zu Rot, Kösters zu Küster, Schnitzler zu Schnitzel, Weyer zu Weiher, Schell zur Schelle, Kerner zu Kern, Lanz zu Lanze, Reiber zu Reibe, Fedder zu Feder und Jauch zu …

4. Fantasienamen

Die letzte Gruppe ist die schwierigste. Diese Namen sind zunächst ohne jede Bedeutung. Sie lassen sich nicht ohne Weiteres in ein Bild verwandeln. In diese Gruppe fallen alle Namen, die sich nicht in den vorherigen drei Gruppen unterbringen lassen.

Beispiele dafür sind Namen wie Hupka, Rutkowski, Reisinger, Werneke, Blasinski und ähnliche. Viele aus dem Ausland stammende Namen gehören unter anderen dazu.

Bei der Bildsuche arbeitet man wieder mit der Technik der Ersatzworte/ Ersatzbegriffe. Die Künstlerin versucht zunächst, ein akustisches Bild, ein Klangbild, zu finden. Die Suche könnte mit den Worten beginnen: »Der Name klingt so ähnlich wie …« Hier ist der volle Einsatz der Fantasie gefordert. Hat man etwas gefunden, was so ähnlich klingt, wird in einem zweiten Schritt zu dem neuen Begriff ein Bild gesucht. Man geht ähnlich vor wie in Kap. 3.7 beim Abspeichern neuer Arzneimittelnamen mittels Geschichte.

Bei dem Namen Hupka kann man an eine **Hup**e denken, die an einer **Ka**rre hängt. Der Name Rutkowski ist in Rute, Kopf, Ski zu zerlegen. Alle drei Begriffe lassen sich dann in ein Bild kleiden. Der Name Reisinger er- innert an das Waschmittel Rei®, das einem Sänger in die Hand gegeben werden könnte. Bei Wernecke sieht man einen Werner in der Ecke stehen, bei Blasinski könnte man sich Blasen in einem Ski vorstellen, was wie alle Assoziationen sehr merkwürdig ist.

Herrn Mozart merkt man sich durch seine eigenartige Motz-Art. Vivaldi singt wahrscheinlich wie Dackel Waldi, Puccini putscht nie, Tschaikowski ist in Wirklichkeit ein Scheich mit einem besonderen Kopf auf Ski, Beethoven hat ein Beet auf seinem Ofen, Grieg zieht in den Krieg, Bellini bellt nie, Verdi ist Mitglied der Gewerkschaft, Schumann ist ein Mann, der Schuhe nicht nur an den Füßen, sondern auch an den Händen trägt, und Haydn schmückt sein Revers mit einem Sträußchen Heidekraut.

Bei der Bildsuche hilft es, Teile des Namens mit einem Zettel abzudecken, erst den vorderen, dann den hinteren Teil. Die Betrachtung der einzelnen Namensteile erleichtert, ein anderes Wort, einen anderen Begriff, schneller zu assoziieren.

Beispiel der Namens-assoziation
Wie man Namen in die vier Gruppen einteilt und abspeichert, soll am Beispiel der neun Bundespräsidenten seit 1949 und von zehn Rekordtorschützen der Deutschen Fußballnationalmannschaft gezeigt werden.

Deutsche Bundes-präsidenten seit 1949
Seit 1949 gab es neun Bundespräsidenten, an einige wird man sich, auch wegen deren fast allgegenwärtiger Präsenz auf Briefmarken, eventuell noch erinnern (Abb. 55), an andere weniger.

- Theodor Heuss (Gruppe 3): Theodor Heuss schmückt eine besondere Haartracht, die aus reinem Heu besteht. Damit man das **S** am Ende nicht vergisst, thront ein aufrechtes Seepferdchen mitten auf dem Kopf. Wenn man dort zwei **S**eepferdchen thronen lässt, hat man gleich die richtige Schreibweise mit abgespeichert.

- Heinrich Lübke (Gruppe 3): Auch Heinrich Lübke ziert eine besondere Haartracht. Er schüttelt den Kopf und es ertönt ein klickerndes Geräusch. Bei genauerer Betrachtung fällt auf, dass in die weißen Haare klitzekleine Lupen, Lüpchen, eingeflochten sind, die für das Geräusch verantwortlich zeichnen.

- Gustav Heinemann (Gruppe 2): Gustav Heinemann trägt ein T-Shirt, auf dem Heinrich Heine und ein weiterer Mann abgebildet sind. Wenn

Abb. 55   Theodor Heuss   Gustav Heinemann

man den Dichter Heinrich Heine nicht kennt, könnte auch ein Bild des Sängers Heino oder der Comic-Figur Hein Blöd helfen.

■ Walter Scheel (Gruppe 1/Eigenschaftsname): Walter Scheel muss man in die Augen schauen. Dann erkennt man unzweifelhaft, dass er einen ausgeprägten »Silberblick« hat. Es könnten ihn auch in Gedanken Tünnes und Schäl unterhaken. Viel schmeichelhafter wäre das jedoch auch nicht.

■ Karl Carstens (Gruppe 3): Karl Carstens stellt man sich vor, wie er mühsam einen großen Kasten schleppt, oder wie er als eine Art Halskrause einen Kasten trägt, oder er lässt sich bei seinen Wanderungen durch Deutschland in einem großen Kasten wie auf einem Schlitten ziehen.

■ Richard von Weizsäcker (Gruppe 2): Richard von Weizsäcker muss ebenfalls etwas tragen: prall gefüllte Säcke mit Weizen, die nach frischem Korn duften.

■ Roman Herzog (Gruppe 1/Adelsname): Roman Herzog wird in das Kostüm eines mittelalterlichen Herzogs gekleidet.

■ Johannes Rau (Gruppe 1/Eigenschaftsname): Johannes Rau ist über und über mit Schmirgelpapier bedeckt. Wenn man ihm die Hand gibt, fühlt sich das rau an.

■ Horst Köhler (Gruppe 1/Berufsbezeichnung): Horst Köhler lebt im Wald in einer Hütte. Er ist von Kopf bis Fuß schwarz, da er sein Geld mit dem Herstellen von Holzkohle verdient. Man könnte auch seine Ohrläppchen mit zwei Stücken Holzkohle verzieren.

Folgende Fußballspieler zeichnen sich dadurch aus, dass sie besonders viele Tore geschossen haben:

Die Rekordtorschützen der Deutschen Fußballnationalmannschaft

■ Michael Ballack (Gruppe 2): Michael Ballack kickt einen lackierten Ball, der so unglaublich glänzt, dass er sich darin spiegelt.

■ Oliver Bierhoff (Gruppe 2): Oliver Bierhoff steht in einem Hof und trinkt genüsslich ein Glas Bier. Man kann ihm auch ein T-Shirt anziehen, auf dem ein Bauernhof mit einem überdimensionalen Bier abgebildet ist.

■ Jürgen Klinsmann (Gruppe 3): Der Name lässt sich in Klinge und Mann verwandeln. Jürgen Klinsmann könnte gegen einen anderen Mann mit einer Klinge kämpfen.

■ Miroslav Klose (Gruppe 3): Der Name erinnert an einen Kloß. Man könnte sich vorstellen, dass Miroslav Klose ein riesengroßer Kloß im Mund steckt oder dass er mit einem Kartoffelkloß Fußball spielen will.

Abb. 56:
Torschützen im
deutschen Fußball

Das geht natürlich nicht, und der Rest des Kloßes klebt jetzt an seinem Schuh. Das sieht er sich angewidert an. Vielleicht weiß Herr Klose, dass sein Name auf den Nikolaus zurückgeht. Dann könnte man sich ihn auch als verkleideten Nikolaus vorstellen mit weißem Bart, Bischofsmütze und Bischofsstab.

■ Gerd Müller (Gruppe 1): Ein weißgekleiderter, mit Mehl bestäubter Müller trägt einen weißen Sack Getreide statt in eine Mühle in ein Fußballtor.

■ Lukas Podolski (Gruppe 4): Hier könnte man sich einen iPod und ein Paar »olle« Ski vorstellen, die ein etwas ratloser Lukas Podolski in den Händen hält. Oder er trägt am Po ein Paar »dolle« Ski, was auch ziemlich komisch aussieht. Als weitere Alternative könnte er in der einen Hand eine Flasche Odol®, in der anderen ein Paar Ski und auf dem Kopf einen Gegenstand mit **P** wie ein **P**flaster oder eine **P**fingstrose tragen, damit man den Anfangsbuchstaben des Namens nicht vergisst.

■ Karl-Heinz Rummenigge (Gruppe 3): Wenn man zwei Buchstaben abwandelt, kann man sich Karl-Heinz Rummenigge mit einer »Rummelnixe« im Arm vorstellen. Er geht eng umschlungen mit einer Nixe über den Rummelplatz.

■ Uwe Seeler (Gruppe 3): Durch Abwandlung eines Buchstabens wird aus Seeler ein Segler. Man stellt sich Uwe Seeler als weit in die Ferne schauenden Kapitän eines Segelschiffes vor. Auf dem weißen, sich im Wind blähenden Segel sind lauter Fußbälle abgebildet.

■ Rudi Völler (Gruppe 4): Rudi Völler bekommt in Gedanken überdimensionale Fühler auf den Kopf gesetzt. Es ist immer problematisch, wenn ausgerechnet der erste Buchstabe verändert wird. Man sollte ihm deshalb zusätzlich zu den Fühlern einen **V**ogel auf den Kopf setzen als Symbol für das **V**au.

■ Fritz Walter (Gruppe 1/3): Fritz Walter reitet auf einem Wal durchs Wasser, auf dessen Rücken eigenartigerweise ein breiter Streifen Teer ausgestrichen wurde. Auch könnte man ihn Seite an Seite mit dem Minnesänger Walther von der Vogelweide ein Lied trällern sehen.

Unzweifelhaft braucht man einige Übung, bis das »Bebildern« des Namens locker von der Hand geht. Die Arbeit in der Apotheke bietet reichlich Gelegenheit dazu und man könnte sich vornehmen, jeden Tag zehn Kundennamen zu bebildern. Allein durch die fantasievolle, gedankliche Beschäftigung wird der Name ins Gedächtnis eingraviert.

Es soll jedoch nicht verschwiegen werden, dass bei ausländischen, zum Beispiel bei arabischen und asiatischen Namen, die Methode an ihre Grenzen stoßen kann.

In einem dritten Schritt muss nun eine Verbindung von Merkmalen des Gesichts mit dem Namensbild hergestellt werden. Gesicht und Name werden »verbildert«.

Die Verknüpfung von Gesicht und Namen

Man fragt sich als Erstes, ob das Namensbild zu dem Gesicht passt. Traut man dem Gesicht das zu, was der Name bildlich darstellt? Sieht Herr Förster so aus wie ein Förster oder kann man sich das gar nicht vorstellen? Wie wird Frau Kleier reagieren, wenn man ihr Gesicht komplett mit Kleie bestäubt? Was macht Herr Kuhlmann für ein Gesicht, wenn er in der Kuhle hockt? Kann man sich Frau Wiegelmann neben ihrem Mann an einer Wiege vorstellen? Wie sieht Frau Roth mit rotgefärbten Haaren aus? Ist der Schnäuzer von Herrn Schwarz wirklich schwarz oder etwa hellblond? Wie guckt Frau Adler, wenn der Greifvogel auf ihrer Schulter sitzt? Und lacht Frau Hupka etwa, wenn sie die Hupe an ihrer Karre betätigt?

Das gefundene Bild soll nach Möglichkeit am Kopf oder zumindest möglichst nah am Kopf platziert werden. Lässt sich das Bild nur weiter entfernt platzieren, muss es besonders sorgfältig fixiert werden.

Diese individuell geschaffenen Bilder muss man tatsächlich vor seinem inneren Auge wie ein Gemälde sehen und ausgiebig betrachten. Es reicht nicht aus, nur an seine Bestandteile zu denken. Auch sollten diese Bilder kurz schriftlich fixiert und nach der in Kap. 2.7 beschriebenen Methode systematisch wiederholt werden, vor allem am Tag der Bildentstehung und in den Tagen danach.

Ob das Bild gut und stimmig ist, lässt sich leicht überprüfen. Kann der Kunde mit Namen begrüßt werden, wenn er das nächste Mal die Apotheke betritt, war die Bilderstellung gut. Erinnert man den Namen jedoch nicht, obwohl man das Bild wiederholt hat, muss ein neues gefunden werden.

Wenn sich partout kein Bild finden lässt, kann man nachfragen, ob das Gegenüber weiß, woher sein Name kommt. Die meisten Menschen haben Kenntnisse über den Ursprung ihres Namens und werden sie erfreut preisgeben.

Wenn Herr Zeidler dann erzählt, dass sein Name auf die Berufsbezeichnung des Honigsammlers zurückgeht, ist man überrascht festzustellen, dass er in Gruppe 1 gehört.

Durch das Nachfragen erhöht sich sowohl die Kundenbindung als auch das Erinnerungsvermögen des Beraters.

Der Umgang mit der Angst vor Fehlern

Viele Menschen scheuen sich, ihr Gegenüber mit Namen anzureden, weil sie dabei vielleicht einen Fehler machen könnten.

Leider werden in unserer Gesellschaft Fehler oft als Beweis für Versagen angesehen. Sogar die Schule unterstützt diese Sichtweise. Wer ein Kind bei seinen Versuchen beobachtet, den aufrechten Gang auszuprobieren, wird feststellen, dass jedes Hinfallen, jeder Fehler in der Koordination, dazu führt, den Vorgang besser zu verstehen, besser zu erlernen. Fehler sind Orientierungshilfen beim Lernen. Als solche sollten sie verstanden und eingeordnet werden. Der Gedächtnisforscher Frederic Vester spricht davon, dass Fehler als Irrtümer ein notwendiges Durchgangsstadium zur Erkenntnis sind (13).

Um es klar zu sagen: Fehler sind bei dieser Methode nicht auszuschließen. Wahrscheinlich wird Frau Reinecke lachen, wenn sie mit Frau Fuchs angesprochen wird, und wahrscheinlich wird der Fehler nicht ein zweites Mal passieren. Wichtig ist, dass man möglichst präzise assoziiert. Wenn man Herrn Dorsch als einen Fisch abspeichern möchte, muss man einen Dorsch von einem Hering unterscheiden können, um ihn später nicht mit Herrn Hering anzureden. Das kann man häufig erst, wenn man in einem entsprechenden Bildlexikon nachschlägt. Dort erfährt man auch, dass Dorsch und Kabeljau unterschiedliche Bezeichnungen für denselben Fisch sind.

So erweitert die Bildersuche bei Namen auch die Allgemeinbildung.

Nicht nötig ist, die exakte Buchstabenfolge abzuspeichern, um ein Wort zu erkennen, richtig zu erinnern, wie das folgende Beispiel zeigt.

Buchstaben-verwcheslnug

Folgenden Text kann man ohne Probleme richtig lesen:

Acuh, wnen die Bchstnabeflgoe ncht gneau sitmmt, knan man den Txet vretsheen. Das Ghiern srtoeirt scih den Bchutsaenbsaalt. Es ist jdoech wcihtig, dsas der etsre und der ltztee Bchsutbae in enim Wrot in der rchitgien Psiotoin snid. Dnan vrsteehn wir onhe Wteires, was gmeient ist, da das Girehn ncht jdeen Bchstuaebn enizln lseit, sndoren das Wrot als Gnzaes efrsast. Sie knnöen Irhem Ghrien aslo wrkiilch vrteuaen. Es kmmot mit iehrn agnbelchien Fhelern gut zrcueht.

Auch kann man einen Text prblmls lsn, wnn d Vkl wgglssn wrdn.

Wir dürfen unserem Gehirn ruhig etwas zumuten. Wenn es ein paar Anhaltspunkte bekommt, ergänzt es in den meisten Fällen richtig, wie die vorstehenden Beispiele und das verschwommene Bild in Abb. 53 eindrucksvoll zeigen.

Schlussbetrachtung

Das Abspeichern von Namen und Gesichtern fordert das gesamte Gedächtnis. Es ist eine gute Methode, alle Gedankenvorgänge in Schwung zu halten. Einige wenige Anhaltspunkte reichen dem Gehirn, um daraus den Namen abzuleiten. Die Voraussetzungen zum Erlernen sind in der Apotheke besonders günstig. Nach einigem Training beherrscht man die Methode schnell. Eine besonders gute Kundenbindung, die die eigene von anderen Apotheken unterscheidet, ist der Preis für die aufgebrachte Mühe und Energie. Der Einsatz zahlt sich sicher aus.

Test

Testen Sie Ihren Lernerfolg, verarbeiten Sie die Inhalte, bevor Sie weiterlesen! Beantworten Sie folgende Fragen am besten laut murmelnd:

- Was unterscheidet den Vorgang des Sehens vom Vorgang des Beobachtens?
- Wie merken Sie sich den Namen Schmitz?
- Geben Sie verschiedene Möglichkeiten an, sich den Namen Podolski zu merken!
- An welche weiteren Torschützen der deutschen Fußballnationalmannschaft erinnern Sie sich? Wie kann man sich deren Namen merken?
- Was haben Sie am Beispiel der Buchstabenverwechslung gelernt?

Ein Mensch, der sich von Gott und Welt,
mit einem anderen unterhält,
muss dabei leider rasch erlahmen,
vergessen hat er all die Namen!
»Wer war's denn gleich, Sie wissen doch ...
der Dings, naja wie hieß er noch,
der damals, gegen Ostern ging's,
in Dings gewesen mit dem Dings.«
Eugen Roth, deutscher Schriftsteller (1895 – 1976)

3.9   Das Master-System

Ursprung   Das Master-System, auch Major-System genannt, ist eine uralte Mnemotechnik, die ihren Ursprung wahrscheinlich in Indien hat. Es hat sich in Europa bereits im 18. Jahrhundert etabliert. Der Philosoph und Universalgelehrte Gottfried Leibniz (1646 – 1716) soll es bereits benutzt haben (4). Es erweitert das in Kap. 3.4 vorgestellte Aufhängeprinzip. Dort wurden den Zahlen von 1 – 20 Symbole zugeordnet. Das Master-System erweitert die Zahlenreihe.

Das Grundprinzip   Fast alle Gedächtnistrainer beschreiben und benutzen diese Mnemotechnik (8, 10, 11, 20, 22, 23). Harry Lorayne hat sie bereits 1957 aufgeschrieben (29). Die Idee des Master-Systems beruht auf der Umsetzung von Zahlen in Worte. Mit Hilfe dieser Mnemotechnik lassen sich Zahlen in Buchstaben und Buchstaben in Zahlen umwandeln. So gelingt es, aus jeglicher Zahlenkombination Worte zu bilden und umgekehrt.

Alle Zahlen bestehen aus den Ziffern 0 bis 9, alle deutschen Worte aus den 26 Buchstaben und dem ä, ö, ü, ß. Bereits in Kap. 3.4 wurde die Umsetzung von Zahlen in Bilder/Symbole beschrieben. Das Master-System führt diese Technik weiter fort. Sie bedient sich jedoch erst dann des Bildes/Symbols, wenn für die Zahl ein entsprechendes Wort gefunden worden ist. Das bedeutet, dass nicht die Zahl das Symbol liefert, sondern das dazu gehörige Wort.

Beispiele zur Zahlenspeicherung   Speichern Sie folgende Zahl ab

9 2 7 2 7 2 1 6 2 7 1 0 1 4 8 5

Mit den bisher erlernten Techniken ist es prinzipiell möglich, diese 16stellige Zahl in Bilder zu verwandeln. Es fällt aber schwer.

Wenn man die Zahl jedoch in den Satz

Pinguine knutschen katastrophal

»umwandelt«, gelingt das Abspeichern und Wiederholen wesentlich leichter.

Um die Zahlenkombination in einen Satz zu übersetzen und umgekehrt, braucht man einen Geheimcode. Dieser Code kann erlernt werden. Ohne intensives Üben wird es nicht möglich sein, den Code zu verinnerlichen. Das Training eignet sich jedoch hervorragend, die kleinen grauen Zellen ordentlich auf Trab zu bringen. Das Master-System fungiert als Hantel und Expander für das Gehirn.

Der Geheimcode – Zahlen in Buchstaben übersetzen   Der »Geheimcode« ist in Abb. 57 abgebildet. Zunächst werden alle Konsonanten einer Zahl zugeordnet. Diese Zuordnung lässt sich leicht mit Hilfe einiger Eselsbrücken einprägen.

Zahl	Konsonant	Merkhilfe	weitere Konsonanten
0	z	zero	s, ß
1	t	ein Strich	d
2	n	zwei Striche	-
3	m	drei Striche	-
4	r	letzter Buchstabe in vier	-
5	l	wie römische 50	-
6	sch	ch, in sechs vorhandenen	ch, x
7	j	umgedrehte 7	g, k, ck, q
8	f	f in Schreibschrift	v, w, pf, ph
9	p	umgekehrte 9	b

Abb. 57:
Der Geheimcode –
Das Master-System

Für die 0 steht das Z, wie im englischen Wort zero. Mit dem Zischlaut Z werden ähnliche Zischlaute verbunden wie das S und das ß.

Die 1 wird dem T zugeordnet, weil beide einen senkrechten Strich besitzen. Mit dem T ist das D lautverwandt, so dass es ebenfalls der 1 zugeordnet wird.

Die 2 wird dem N zugeordnet, da das N zwei Striche nach unten besitzt.

Für die 3 steht das M. Wird es klein geschrieben, hat es drei senkrechte Linien.

Die Zahl 4 wird dem R zugeordnet. Der letzte Buchstabe des Wortes vier ist ein R.

Die römische Ziffer 50 wird durch ein L dargestellt. Deshalb bekommt die 5 den Buchstaben L.

Im Wort für 6 steckt ein CH. Klangverwandt ist das X, das deshalb auch der 6 zugeordnet wird. Das SCH gehört ebenfalls zur 6.

Mit etwas Fantasie ähnelt die 7 einem umgedrehten J. Daraus entwickelt sich eine ganze Buchstabenverwandtschaft. Im Berliner Dialekt wird ein J statt eines G ausgesprochen (Justaf statt Gustaf). Im sächsischen Dialekt werden Wörter mit K oder C oft weich ausgesprochen mit G (Goga Gola statt Coca Cola). Lautverwandt sind das CK und das Q. So steht die 7 für insgesamt sechs Buchstaben, das J, G, K, C, CK und Q.

Der 8 werden die Konsonanten V, F, W und das wie F gesprochene Pf und Ph zugeordnet. Als Eselsbrücke dient der V-8-Motor oder das f in Schreibschrift, das auch zwei Rundungen aufweist wie die Acht.

Die 9 erinnert spiegelbildlich an ein P, das weich gesprochen auch wie ein B klingen kann.

Die Buchstaben zu den Ziffern werden den Ziffern von verschiedenen Autoren unterschiedlich zugeordnet. So ordnet der Amerikaner Tony Buzan beispielsweise das X der 7 und das J der 6 zu (23). Jeder muss für sich überprüfen, ob ihm die Zuordnung logisch erscheint. Falls nicht, muss sie abgeändert werden. So schafft sich jeder seinen eigenen Geheimcode.

Das Auffüllen Bis auf das H und das Y sind nun alle Konsonanten einer Ziffer zugeordnet. Doppelte Buchstaben zählen nur einmal. Es ist leicht einsehbar, dass man allein aus Konsonanten kein Wort bilden kann. Als »Füllmaterial« für die Wortbildung dienen die Vokale a, e, i, o, u, au, eu, ä, ö, ü, ai, ie, ou und h und y. Mit ihrer Hilfe wird das Gerüst aus Konsonanten zu Worten aufgefüllt, die etwas Bildhaftes darstellen. Die Zahlen werden in möglichst emotionale, klare Bilder übersetzt.

So besteht die Zahl 35 aus dem M für die 3 und aus dem L für die 5. Fügt man dazwischen Vokale wie au oder eh ein, kommt man zu Maul oder Mehl. Beide Begriffe kann man sich bildhaft vorstellen.

Zahlenbeispiele In Abb. 58 werden Vorschläge gemacht, wie die Zahlen 20 – 99 in Worte umgesetzt werden können.

Die Zahl 44 enthält zweimal das R. Das Wort Rohr oder Ruhr passt dazu.

Die Zahlenkombination 035232 lässt sich durch den Namen »Samuel Hahnemann« darstellen: S = 0, A = Füllmaterial, M = 3, U = Füllmaterial, E = Füllmaterial, L = 5, H = Füllmaterial, A = Füllmaterial, N = 2, E = Füllmaterial, M = 3, A = Füllmaterial, N = 2

Das Wort »Donnerwetter« ergibt 124814.

Ein wichtiges Ereignis, das am 3.5.91 stattfand, merkt man sich einfach mit dem Wort »Himmelbett«. Man sieht zum Beispiel das Geburtstagskind sanft in einem Himmelbett schlummern.

Die geheime Botschaft »Ich liebe Dich« lässt sich verschlüsselt als 65916 darstellen.

Da Doppelkonsonanten akustisch nicht einzeln hörbar sind, zählen sie im Code nur einmal. So bedeutet das Wort »Mappe« nicht 399, sondern nur

20 = Nase	30 = Maus	40 = Rose	50 = Lasso
21 = Nutte	31 = Matte	41 = Rad	51 = Laute
22 = Nonne	32 = Mohn	42 = Ruine	52 = Leine
23 = Nemo	33 = Mumie	43 = Rum	53 = Lehm
24 = Niere	34 = Mauer	44 = Rohr	54 = Lore
25 = Nil	35 = Mull	45 = Rollo	55 = Lollie
26 = Nixe	36 = Masche	46 = Rauch	56 = Lauch
27 = Nicki	37 = Mücke	47 = Reck	57 = Locke
28 = Nivea®	38 = Muff	48 = Revue	58 = Lava
29 = Nappo	39 = Mopp	49 = Rabe	59 = Lupe
60 = Schuss	70 = Kasse	80 = Fass	90 = Pizza
61 = Schutt	71 = Kette	81 = Watte	91 = Boot
62 = Schnee	72 = Kanne	82 = Pfanne	92 = Bohne
63 = Schaum	73 = Kamm	83 = Wum	93 = Baum
64 = Schere	74 = Karo	84 = Fury	94 = Bier
65 = Schal	75 = Keule	85 = Fell	95 = Ball
66 = Schach	76 = Koch	86 = Fisch	96 = Buch
67 = Scheck	77 = Geige	87 = Feige	97 = Bock
68 = Schaf	78 = Kaffee	88 = VW	98 = Puff
69 = Schippe	79 = Kappe	89 = Wippe	99 = Puppe

Abb. 58:
Das Master-System
Beispiele

39. Latte symbolisiert die 51, wobei es freigestellt ist, das Zaunholz oder das italienische Heißgetränk zu assoziieren.

Übersetzung »Pinguine knutschen katastrophal«

Das Wort »Pinguine« besteht aus den Konsonanten P, N, G, N, was der Ziffernfolge 9272 entspricht. Das Wort »knutschen« beinhaltet die Konsonanten K, N, T, SCH, N und kann folglich als 72162 gelesen werden. Das Wort »katastrophal« lässt sich in 7101485 übersetzen.

Das Einprägen des Systems

Man braucht einige Zeit, um sich mit der Methode vertraut zu machen, und um sie ungezwungen einzusetzen. Die spielerische Beschäftigung eignet sich hervorragend als tägliches Gedächtnistraining. Zunächst sollte man sich 99 Karteikarten zulegen, die man auf der einen Seite mit der Zahl, auf der anderen mit dem zugehörigen Begriff beschriftet.

Jeden Tag übt man ein wenig mit den Karten, prägt sich die Begriffe ein und übersetzt einige Worte in Zahlen und umgekehrt. Das lässt sich beim Autofahren ganz besonders einfach üben, nämlich an den Nummernschildern der anderen Autos. Aber bitte weiter auf den Verkehr achten!

Dabei wird das Übersetzen von Worten in Zahlen schneller gelingen als der umgekehrte Vorgang. Beides muss trainiert werden.

Abb. 59:
Pinguine knutschen
katastrophal

Einsatzgebiete   Das Erlernen des Systems ist etwas für diejenigen, die sich ausführlich mit dem Gedächtnistraining beschäftigen wollen.

Es eignet sich ebenfalls zum vereinfachten Abspeichern von PIN-Nummern und Geheimzahlen. In Kap. 3.4 wurde für die Ziffernfolge **4382** eine Geschichte vorgeschlagen, die sich um einen Stuhl, ein Kleeblatt, eine Sanduhr und einen Schwan rankte. Nach dem System lässt sich diese Ziffernfolge auch als Reimwein oder Rahmwahn, am besten jedoch als **Rumwanne** darstellen. Eine Wanne voll Rum, die nach der Flüssigkeit duftet, die an Cuba libre erinnert, das ist schon beeindruckend.

Auch lassen sich Daten, Uhrzeiten, Termine, Telefonnummern gut abspeichern. Ein am **9.1.74** geborener Mensch müsste nach dem Master-System eigentlich **Apotheker** geworden sein.

Wie in Kap. 3.4 bereits beschrieben, können wichtige Abgabehinweise mit Hilfe der Zahlensymbole abgespeichert werden. Hier erweitert das System deutlich den Handlungsspielraum. Die eine Arzneimittelgruppe, zu der man sich vier wichtige Hinweise merken möchte, wird unter den Zahlen 41 bis 44 abgespeichert, die andere, zu der es sieben wichtige Informationen gibt, unter 71 bis 77.

Mit dem System schafft man unglaublich viele zusätzliche Ankerpunkte im Gehirn, die den Ungeübten allerdings am Anfang überfordern können.

Der an Allgemeinwissen interessierte Pharmazeut wird im Master-System außerdem eine gute Möglichkeit finden, interessante Zahlen und historische Daten sicher zu memorieren.

Beispiele   Für die nächste Diät ist es hilfreich zu wissen, dass 1 Kilo-Joule genau **0,231** kcal entsprechen. Diese Zahl merkt man sich mit dem Wort **»Zaunmitte«**. Man kann sich vorstellen, wie ein beleibter Mensch vergeblich versucht, über die Mitte eines Zauns zu klettern. Er kann nicht abnehmen, weil er seine Joule nicht in Kalorien umrechnen kann.

Auch kann man den letzten Jahresumsatz von **1,25** Millionen Euro unter dem Pseudonym **»Tunnel«** abspeichern. Ist er dann auf **1,47** Millionen gestiegen, dann hilft der **»Türke«** beim Memorieren. Hat er gar die Zweimillionenmarke überschritten und liegt bei **2,15** Millionen, so assoziiert man das Wort **»Nutella«**.

Vierstellige Jahreszahlen lassen sich besonders gut mit dieser Technik abspeichern. Die Anfangsbuchstaben der folgenden Worte helfen, die zugehörige Jahreszahl zu erinnern. Man kombiniert hier das Master-System mit der Technik der in Kap. 3.3 beschriebenen Merksätze.

Das Erinnern von Jahreszahlen mit dem Master-System

1804 hat Sertürner das Morphin isoliert. Der Satz »**D**es **w**underbaren **S**ertürners **R**uhmestat« hilft, dieses Datum im Gedächtnis abzuspeichern.

1859 veröffentlichte Darwin seine Evolutionstheorie. Der ungewöhnliche Satz: »**D**arwin **f**ährt **l**ieber **B**us« kleidet die Jahreszahl in Worte.

1897 gelang Felix Hoffmann die Synthese der Acetylsalicylsäure. Der Satz: »**D**er **f**amose **P**rostaglandinsynthesehemmer **k**am« erinnert daran.

1921 entdeckte Banting das Insulin, wofür er zwei Jahre später zusammen mit Best den Nobelpreis bekam. »**D**es **B**antings **N**obel-**T**rophäe« erinnert an die Jahreszahl der Entdeckung.

1928 entdeckte Alexander Fleming das Penicillin. Die Jahreszahl prägt sich leicht durch den Satz ein: »**D**as **P**enicillin **n**ickt **f**reundlich.«

1953 wurde die Doppelhelix der DNA durch Watson und Crick entdeckt. Man erinnert die Jahreszahl mit dem Satz: »**D**NA **b**ringt **L**eben **m**it.«

Für die Anwendung von Naratriptan in der Selbstmedikation gibt es einige wichtige Hinweise zu beachten.

Beispiel: Anwendungshinweise Naratriptan in der Selbstmedikation

Die Tablette sollte bei den ersten Anzeichen der Migräne gegeben werden, aber nach der Aura. Es dürfen nicht mehr als zwei Tabletten pro Tag, maximal viermal pro Monat, eingenommen werden. Die zweite Tablette darf aufgrund der Halbwertszeit erst vier Stunden nach der ersten eingenommen werden – und nur, wenn diese gewirkt hat. Nach der Einnahme ist die Reaktionsfähigkeit zu beobachten. Die Eigendiagnose Migräne bedarf vor Erstanwendung der ärztlichen Abklärung. Sollte es nach der Einnahme zu einem Engegefühl in Brust oder Hals kommen, muss eine ärztliche Untersuchung des Herz-Kreislaufsystems angeraten werden.

Das sind insgesamt sieben wichtige Hinweise. Sie sollen im Beispiel mit Hilfe des Master-Systems abgespeichert werden, und zwar unter den Zahlen 71 bis 77, damit man einen Anhaltspunkt für die Anzahl sieben hat.

Folgende Symbole können für die Zahlen verwendet werden.

71= Kette, 72 = Kanne, 73 = Kamm, 74 = Karo, 75 = Keule, 76 = Koch und 77 = Geige.

An einer strahlenden **Kette**, **71**, wird die Einnahme bei den ersten Anzeichen, aber nach der Aura, abgelegt. Das T in der Kette erinnert an die Zahl eins. Das Strahlen an die Aura.

An einer **Kanne**, **72**, deren N an die Zwei erinnert, werden zwei riesengroße Tabletten befestigt. Sie erinnern daran, dass die Tageshöchstdosis zwei Tabletten beträgt.

Dass die Einnahme in der Selbstmedikation nicht häufiger als viermal pro Monat erfolgen darf, daran erinnert ein **Kamm**, **73**, der nur vier Zinken trägt.

Ein **Karo**, **74**, hat vier Ecken. In der Mitte des Karos prangt eine Zwei, an den vier Ecken eine Uhr. Die Einnahme der zweiten Tablette darf frühestens nach 4 Stunden erfolgen.

Ein Migränepatient kann sich fühlen, als hätte er einen Schlag mit einer **Keule**, **75**, bekommen. Die Keule hilft daran zu denken, dass die Reaktionsfähigkeit beobachtet werden muss.

Die **76** wird durch einen **Koch** dargestellt. Eigenartigerweise trägt ein Arzt in weißem Kittel und mit Stethoskop eine Kochmütze. Dieses Bild unterstützt die Erinnerung, dass die Abgabe in der Selbstmedikation nur dann erfolgen darf, wenn zuvor die Diagnose ärztlich abgeklärt wurde.

Eine **Geige** steht für die **77**. Sie wird an Brust und Hals angelegt. Das sind die Stellen, an denen es nach Einnahme zu einem Druck- oder Engegefühl kommen kann. Es sollte eine ärztliche Untersuchung angeraten werden, bevor mit der Therapie fortgefahren wird.

Warnung Die Abspeicherungen nach dem Master-System gelingen nicht von allein. Wie in Kap. 2.4 ausgeführt, ist eine positive Einstellung, ein »Versuchenwollen«, ein »Merkenwollen«, unabdingbar. Jeder kann seine Fähigkeiten mit Training verbessern.

Das System ist zweifelsohne etwas für Fortgeschrittene. Man sollte sich an dieser Mnemotechnik erst dann versuchen, wenn der bildhafte Gedächtnisspeicher bereits gut trainiert ist. Dann allerdings ist die Methode eine lohnenswerte Herausforderung für die kleinen grauen Zellen, die sich dem Training begeistert stellen werden.

Dieses Training bereichert den Offizinalltag mit pharmazeutischem Wissen, dessen Wiederholung Freude bereitet.

> Testen Sie Ihren Lernerfolg, verarbeiten Sie die Inhalte, bevor Sie weiterlesen! Beantworten Sie folgende Fragen am besten laut murmelnd:
>
> - Welche Buchstaben ordnen Sie den Zahlen 2 und 5 zu?
> - Welche Zahl stellt Samuel Hahnemann dar?
> - Übersetzen Sie die Zahl 125 in ein Wort!
> - Was bedeutet der Titel des Buches »Das Penicillin nickt freundlich«?
> - Memorieren Sie die Abgabehinweise für Naratriptan!

3.10 Mind Maps

Die Technik der Mind Maps wurde 1971 von Tony Buzan in den USA entwickelt (21). Er bezeichnet sie als das Schweizer Offiziersmesser des Gehirns. Die Methode findet heute in der gesamten Welt breite Anwendung. Man versteht darunter eine grafische Darstellung, die Beziehungen zwischen verschiedenen Begriffen aufzeigt (19). Der Lernende nähert sich einem Wissensgebiet wie ein Vogel, der über eine Landschaft fliegt. Aus dieser Vogelperspektive hält er zunächst nach übergeordneten Wissenspunkten Ausschau, die er erst gedanklich, dann schriftlich markiert. Die übergeordneten Wissenspunkte, die Schlüsselgedanken, werden im nächsten Schritt einer näheren Betrachtung unterzogen, genauer aufgeschlüsselt und mit Details versehen.

Die Entstehung

Mind Maps werden auch Assoziogramm, Gedächtnis- oder Gedankenkarte genannt. Sie unterstützen grafisch die in Kap. 3.1 beschriebene Methode des Clusterings. Der Vorteil ist, dass zunächst ein Skelett, eine Übersicht des gesamten Wissensgebietes, erstellt wird. Auf diese Weise wird das vorhandene Wissensnetz optimal auf die Aufnahme vorbereitet (13). Assoziationen, die das Behalten fördern, werden leichter geknüpft. Mind Maps sind Landkarten des Geistes. Sie spiegeln die assoziativen Verknüpfungen des Gehirns wider und setzen die Kraft der Bilder gedächtnisphysiologisch sinnvoll ein.

Aufzeichnungen von Leonardo da Vinci, einem Universalgenie seiner Zeit, erinnern in ihrem Aufbau stark an diese Technik.

Materialien und Aufbau

Zur Erstellung einer Mind Map benötigt man ein mindestens DIN A 4 großes Blatt in Querformat, einen Stift und ein experimentierfreudiges Gehirn.

Auch existieren Computerprogramme, die das Erstellen unterstützen.

Das zentrale Thema wird in die Mitte geschrieben. Nach außen ragen weitere Hauptäste, die mit Unterthemen bestückt werden und sich immer weiter zu Nebenästen verzweigen können. Bei der Erstellung lassen sich Farben und Bilder, Unterstreichungen und Symbole kreativ und sinnstützend benutzen.

Markierungen wie Groß- und Kleinschreibung, unterschiedliche Farben und geometrische Figuren geben der Mind Map eine bessere Struktur, ebenso wie selbst gewählte Abkürzungen und selbst erdachte Symbole. In der dargestellten Mind Map gibt es zahlreiche Anregungen.

Einsatzgebiete und Vorteile

Mind Maps können bei unterschiedlichen Tätigkeiten eingesetzt werden. Sie dienen als Ideensammlung, To-do-Liste, Stoffgliederung, Gedankenstütze, helfen bei Prüfungsvorbereitungen und bei der strukturierten Aufarbeitung von Vorträgen, Seminaren und Artikeln der Fachzeitschriften.

Ein entscheidender Vorteil der Mind Maps ist, dass sie auch bei komplexen Vorgängen eine gute Übersicht gewährleisten. Wissensinhalte können unter mehreren Oberpunkten gleichzeitig bearbeitet werden. So können wichtige Details nicht verloren gehen. Mind Maps regen die Kreativität und Fantasie an. Die rechte Gehirnhälfte wird mit in die Aufgabenbewältigung einbezogen. Das erleichtert das Erinnern der Inhalte.

Bei Prüfungsvorbereitungen helfen sie, komplexe Wissensgebiete zu gliedern. Was in Lehrbüchern auf vielen Seiten steht, wird hier auf einer Seite übersichtlich strukturiert. Allein durch Aufbereitung und schriftliche Fixierung prägen sich die Inhalte ein. Außerdem leisten sie beim Wiederholen gute Dienste. Man behält die übergeordneten Punkte bei und ergänzt die Unterpunkte aus dem Gedächtnis.

Den besten Lernerfolg erzielt man mit selbst erstellten Mind Maps.

Im Anhang ist die Methode der Mind Maps als Mind Map dargestellt.

Weitere Beispiele für Mind Maps beziehen sich auf
- Arzneitherapie bei Migräne
- Beratung in der Selbstmedikation: Magenbeschwerden, Obstipation, venöse Insuffizienz, Vaginalmykose
- Beratung bei Erstverordnung: Metformin, SSRI, Sildenafil, Penicillin
- Laienvortrag: Osteoporose, Gesunder Schlaf, Fit mit Fett, Verwirrt im Alter

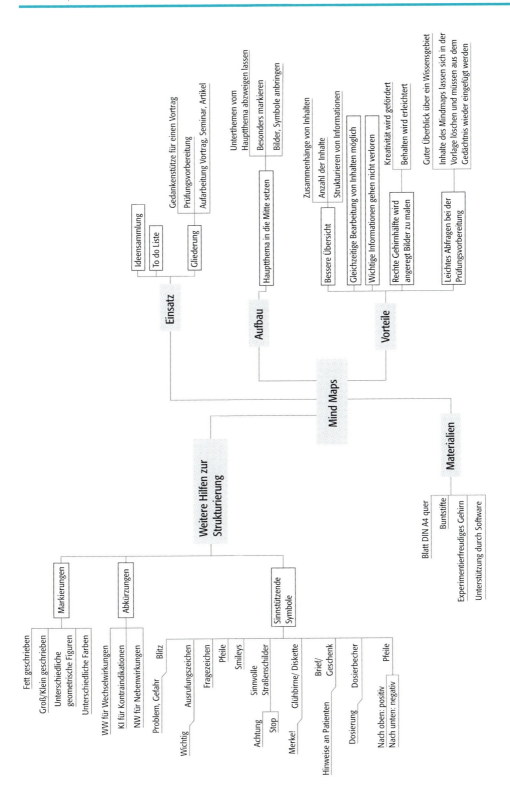

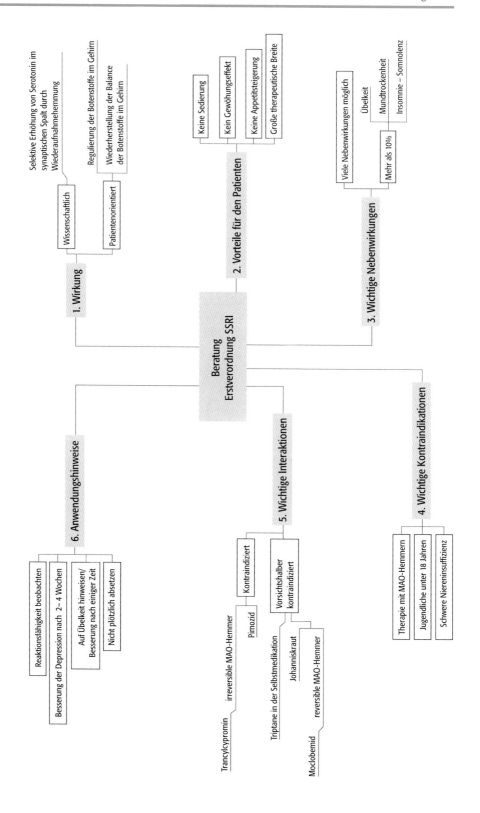

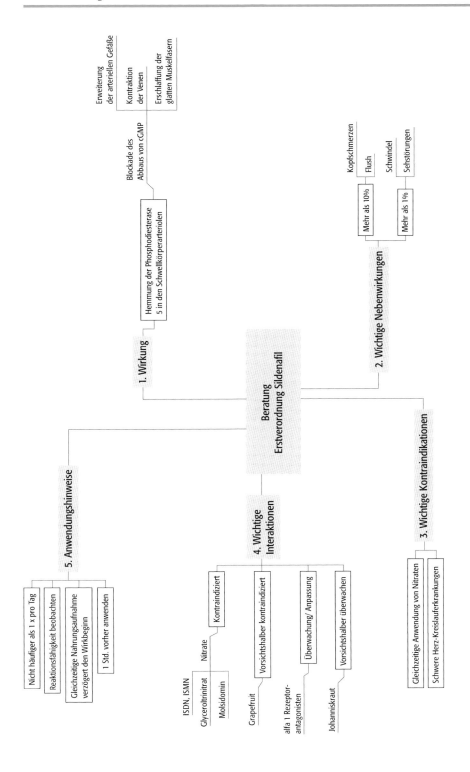

Beratung Erstverordnung Sildenafil

1. Wirkung

Hemmung der Phosphodiesterase 5 in den Schwellkörperarteriolen

Blockade des Abbaus von cGMP

Erweiterung der arteriellen Gefäße

Kontraktion der Venen

Erschlaffung der glatten Muskelfasern

2. Wichtige Nebenwirkungen

Mehr als 10%

Kopfschmerzen

Flush

Mehr als 1%

Schwindel

Sehstörungen

3. Wichtige Kontraindikationen

Gleichzeitige Anwendung von Nitraten

Schwere Herz-Kreislauferkrankungen

4. Wichtige Interaktionen

Kontraindiziert

Nitrate

ISDN, ISMN

Glyceroltrinitrat

Molsidomin

Vorsichtshalber kontraindiziert

Grapefruit

Überwachung/ Anpassung

alfa 1 Rezeptorantagonisten

Vorsichtshalber überwachen

Johanniskraut

5. Anwendungshinweise

Nicht häufiger als 1 x pro Tag

Reaktionsfähigkeit beobachten

Gleichzeitige Nahrungsaufnahme verzögert den Wirkbeginn

1 Std. vorher anwenden

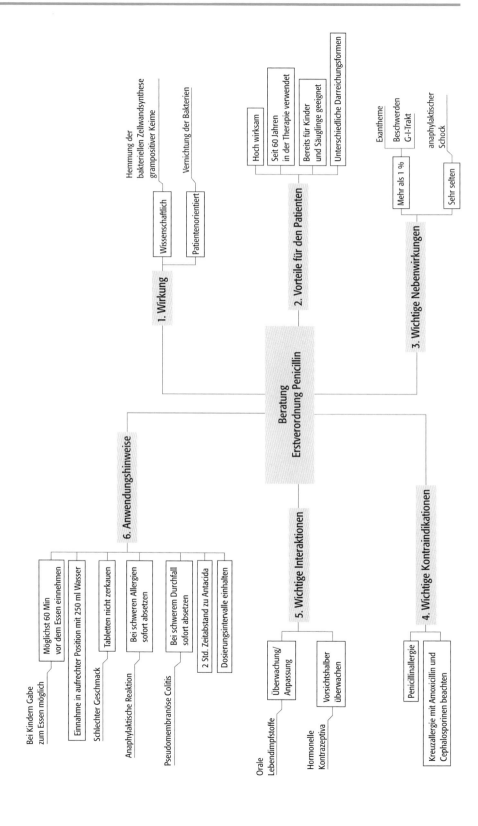

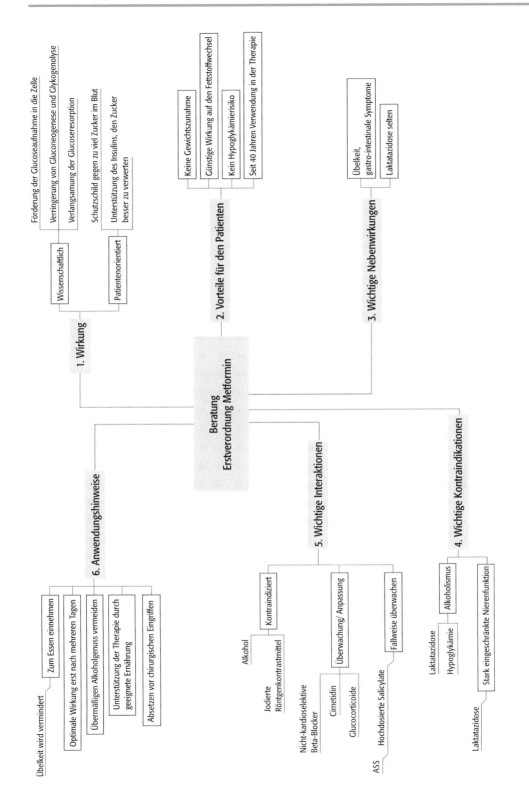

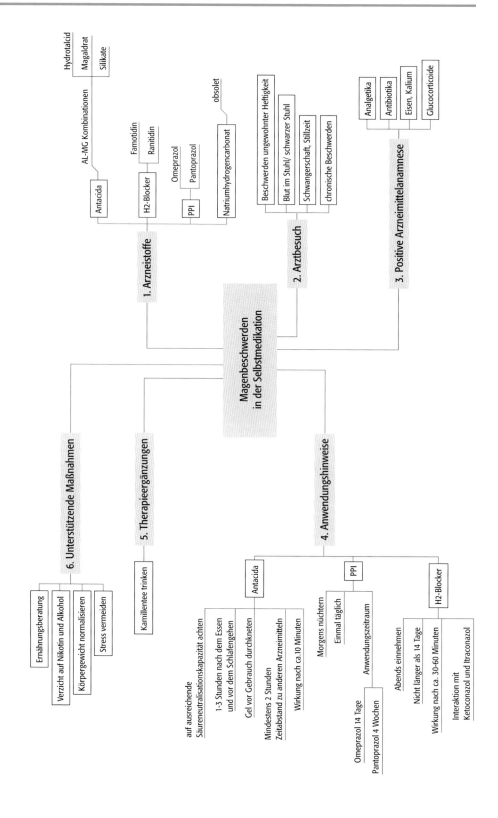

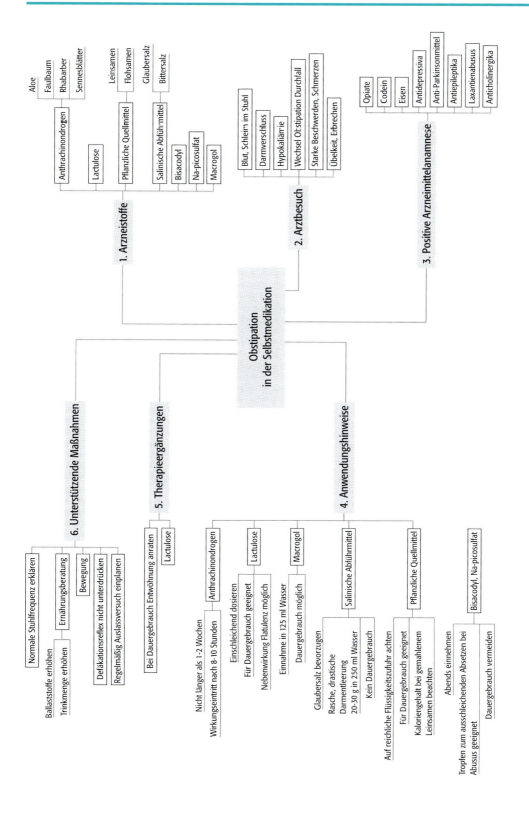

Obstipation
in der Selbstmedikation

1. Arzneistoffe

Anthrachinondrogen
- Aloe
- Faulbaum
- Rhabarber
- Sennesblätter

Lactulose

Pflanzliche Quellmittel
- Leinsamen
- Flohsamen

Salinische Abführmittel
- Glaubersalz
- Bittersalz

Bisacodyl

Na-picosulfat

Macrogol

2. Arztbesuch

Blut, Schleim im Stuhl
Darmverschluss
Hypokaliämie
Wechsel Obstipation Durchfall
Starke Beschwerden, Schmerzen
Übelkeit, Erbrechen

3. Positive Arzneimittelanamnese

Opiate
Codein
Eisen
Antidepressiva
Anti-Parkinsonmittel
Antiepileptika
Laxantienabusus
Anticholinergika

6. Unterstützende Maßnahmen

Normale Stuhlfrequenz erklären

Ballaststoffe erhöhen

Ernährungsberatung
- Trinkmenge erhöhen

Bewegung

Defäkationsreflex nicht unterdrücken

Regelmäßig Auslassversuch einplanen

5. Therapieergänzungen

Bei Dauergebrauch Entwöhnung anraten
- Lactulose

4. Anwendungshinweise

Anthrachinondrogen
- Nicht länger als 1-2 Wochen
- Wirkungseintritt nach 8-10 Stunden

Lactulose
- Einschleichend dosieren
- Für Dauergebrauch geeignet
- Nebenwirkung Flatulenz möglich

Macrogol
- Einnahme in 125 ml Wasser
- Dauergebrauch möglich

Salinische Abführmittel
- Glaubersalz bevorzugen
- Rasche, drastische Darmentleerung
- 20-30 g in 250 ml Wasser
- Kein Dauergebrauch

Pflanzliche Quellmittel
- Auf reichliche Flüssigkeitszufuhr achten
- Für Dauergebrauch geeignet
- Kaloriengehalt bei gemahlenem Leinsamen beachten

Bisacodyl, Na-picosulfat
- Abends einnehmen
- Tropfen zum ausschleichenden Absetzen bei Abusus geeignet
- Dauergebrauch vermeiden

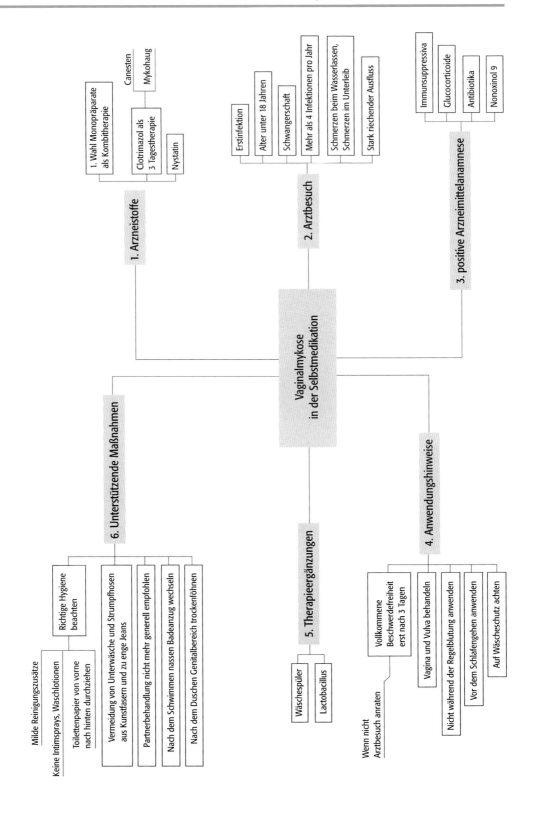

Vaginalmykose in der Selbstmedikation

1. Arzneistoffe
- 1. Wahl Monopräparate als Kombitherapie
- Clotrimazol als 3 Tagestherapie
  - Canesten
  - Mykohaug
- Nystatin

2. Arztbesuch
- Erstinfektion
- Alter unter 18 Jahren
- Schwangerschaft
- Mehr als 4 Infektionen pro Jahr
- Schmerzen beim Wasserlassen, Schmerzen im Unterleib
- Stark riechender Ausfluss

3. positive Arzneimittelanamnese
- Immunsuppressiva
- Glucocorticoide
- Antibiotika
- Nonoxinol 9

6. Unterstützende Maßnahmen
- Milde Reinigungszusätze
- Keine Intimsprays, Waschlotionen
- Richtige Hygiene beachten
- Toilettenpapier von vorne nach hinten durchziehen
- Vermeidung von Unterwäsche und Strumpfhosen aus Kunstfasern und zu enge Jeans
- Partnerbehandlung nicht mehr generell empfohlen
- Nach dem Schwimmen nassen Badeanzug wechseln
- Nach dem Duschen Genitalbereich trockenföhnen

5. Therapieergänzungen
- Wäschespüler
- Lactobacillus

4. Anwendungshinweise
- Wenn nicht Arztbesuch anraten
- Vollkommene Beschwerdefreiheit erst nach 3 Tagen
- Vagina und Vulva behandeln
- Nicht während der Regelblutung anwenden
- Vor dem Schlafengehen anwenden
- Auf Wäscheschutz achten

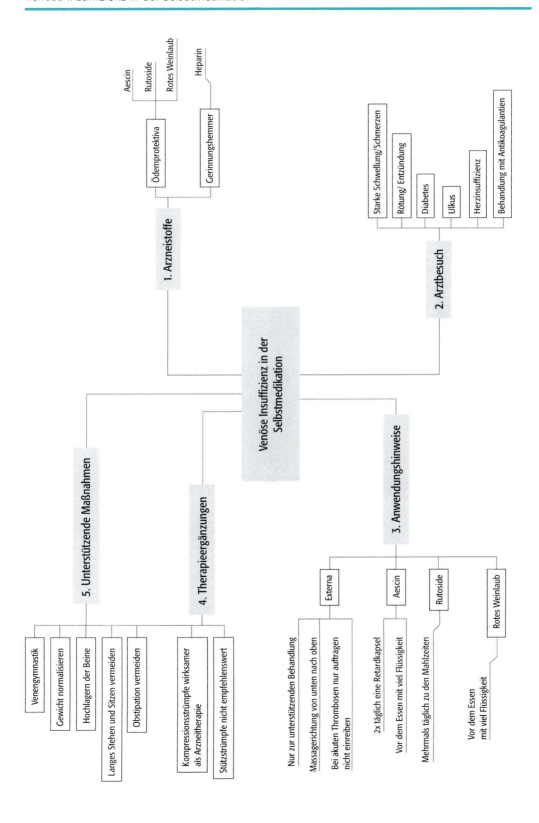

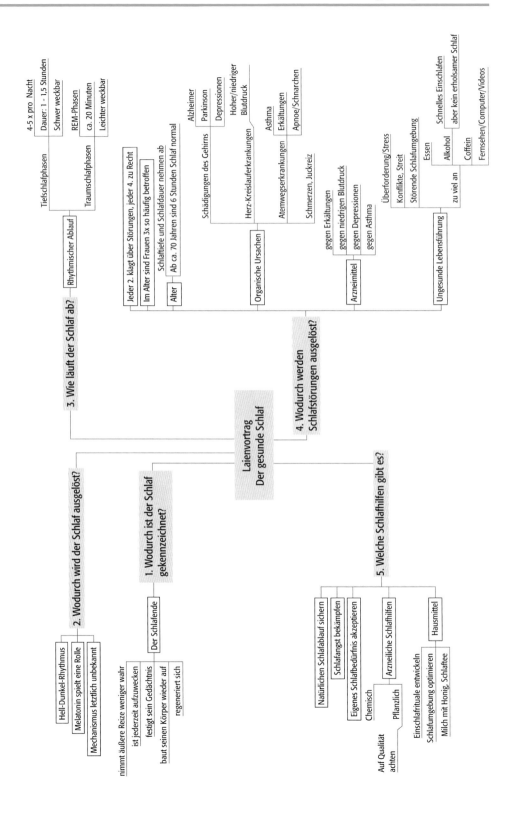

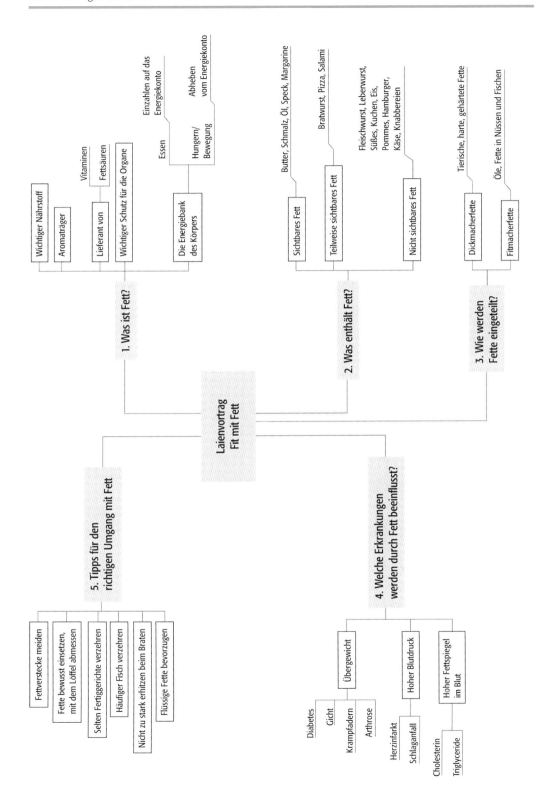

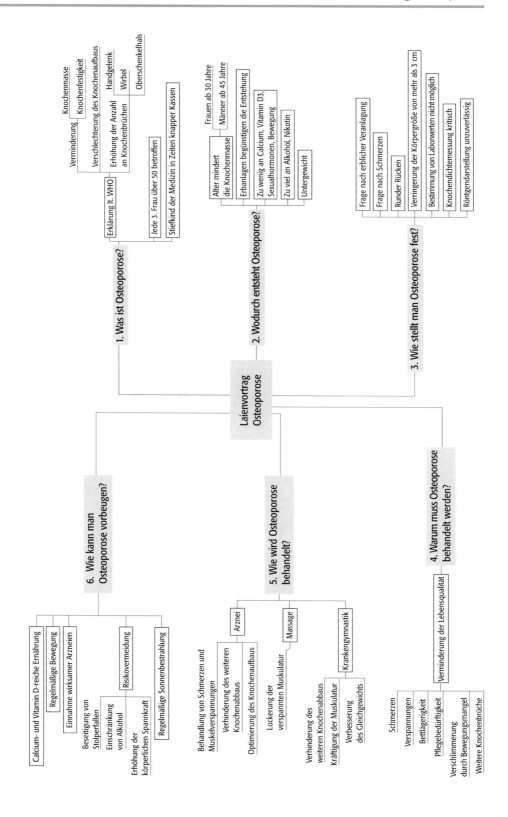

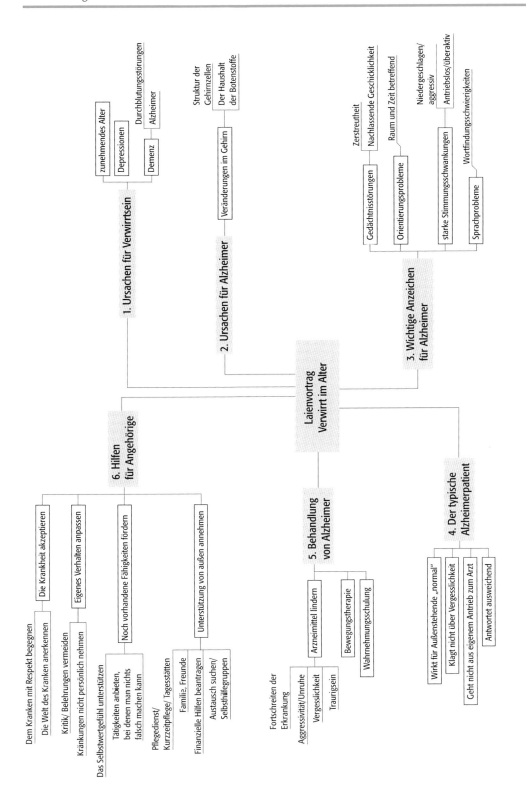

Laienvortrag
Verwirrt im Alter

1. Ursachen für Verwirrtsein

zunehmendes Alter

Depressionen
Durchblutungsstörungen
Demenz
Alzheimer

2. Ursachen für Alzheimer

Veränderungen im Gehirn

Struktur der Gehirnzellen
Der Haushalt der Botenstoffe

3. Wichtige Anzeichen für Alzheimer

Zerstreutheit
Nachlassende Geschicklichkeit
Raum und Zeit betreffend
Niedergeschlagen/aggressiv
Antriebslos/überaktiv
Wortfindungsschwierigkeiten

Gedächtnisstörungen
Orientierungsprobleme
starke Stimmungsschwankungen
Sprachprobleme

6. Hilfen für Angehörige

Dem Kranken mit Respekt begegnen
Die Krankheit akzeptieren
Die Welt des Kranken anerkennen
Kritik/ Belehrungen vermeiden
Eigenes Verhalten anpassen
Kränkungen nicht persönlich nehmen

Das Selbstwertgefühl unterstützen
Tätigkeiten anbieten, bei denen man nichts falsch machen kann
Noch vorhandene Fähigkeiten fördern

Pflegedienst/ Kurzzeitpflege/ Tagesstätten
Familie, Freunde
Finanzielle Hilfen beantragen
Unterstützung von außen annehmen
Austausch suchen/ Selbsthilfegruppen

5. Behandlung von Alzheimer

Fortschreiten der Erkrankung
Aggressivität/Unruhe
Vergesslichkeit
Traurigsein
Arzneimittel lindern
Bewegungstherapie
Wahrnehmungsschulung

4. Der typische Alzheimerpatient

Wirkt für Außenstehende „normal"
Klagt nicht über Vergesslichkeit
Geht nicht aus eigenem Antrieb zum Arzt
Antwortet ausweichend

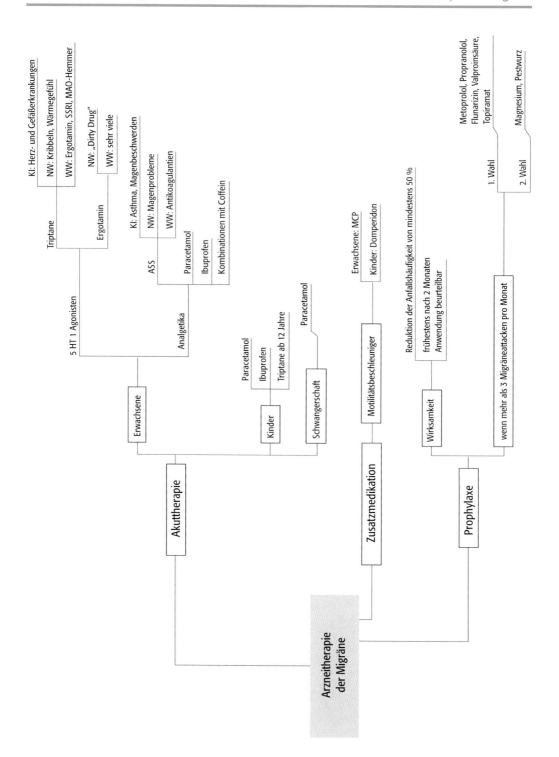

Epilog

Warum Gedächtnistraining? Fünf gute Gründe

So mancher wird sich bei der Lektüre fragen, was Gedächtnistraining eigentlich bringt. Hier einige Antworten auf die Frage.

1. Ein gutes Gedächtnis ist *die* Voraussetzung für Bildung und Wissen

Der Ausspruch »Wissen ist Macht« wird dem englischen Philosophen Sir Francis Bacon (1561 – 1626) zugesprochen. Trotz ihres Alters hat diese Feststellung nichts an Aktualität verloren. In einer Zeit, in der häufig von einer Zweiklassen-Gesellschaft geredet wird, sollte man darüber nachdenken, wofür dieser Begriff steht. Bezieht er sich nur auf unterschiedliche Versicherungstarife der Krankenkassen oder könnte man darunter auch eine Einteilung der Gesellschaft in Wissende und Nicht-Wissende verstehen? Zweifelsohne hat in unserer Gesellschaft der Wissende Vorteile.

Um Wissensinhalte gleich welcher Natur aufzunehmen und sicher abzuspeichern, ist ein gutes Gedächtnis unerlässlich. Durch regelmäßiges Training wird dessen Kapazität erhöht.

2. Ein trainiertes Gedächtnis fördert die Aufnahmefähigkeit

Täglich wächst die Informationsflut. Es müssen Strategien gefunden werden, viele Inhalte in kurzer Zeit aufzunehmen. Doch nicht nur Aufnehmen ist angesagt, sondern auch Bewerten, Aussortieren und Verwerfen. Ein trainiertes Gedächtnis erledigt diese Arbeit souveräner als ein untrainiertes, da es Strategien eingeübt hat, mit zahlreichen Informationen gleichzeitig fertig zu werden, sich nicht davon unterkriegen zu lassen, souverän zu bleiben.

3. Ein gutes Gedächtnis beflügelt Fantasie, Kreativität und vernetztes Denken

In einer sich immer komplexer darstellenden Umwelt werden Fantasie, Kreativität und vernetztes Denken zu wichtigen Werkzeugen, Krisen zu bewältigen, Probleme zu lösen, neue, erfolgversprechende Wege zu finden. Erfahrungen müssen in einem anderen Licht beleuchtet, neu verknüpft werden, um auf neue Fragen aussagekräftige Antworten für die Zukunft zu finden.

Gedächtnistraining hilft, das Kreativitätspotential zu erweitern, der Fantasie Flügel zu verleihen, vernetztes Denken einzuüben.

4. Ein gutes Gedächtnis erhöht das Selbstwertgefühl

Mit einem guten Gedächtnis, mit Zutrauen in die eigenen Fähigkeiten, lässt sich die Reise durchs Leben in allen Altersstufen leichter bewältigen.

Das, was man kennt, womit man Erfahrung hat, macht weniger Angst als das Neue, Unbekannte. Wenn alle Sinneswahrnehmungen geschärft sind, nimmt man mehr und intensiver wahr. Man kann das Neue mit Bekanntem besser vergleichen, einordnen und auch andere Menschen an seinen Erkenntnissen teilhaben lassen.

Ein Mensch mit gutem Gedächtnis wird auch von anderen Menschen geschätzt. Da ist jemand, der sich für mich interessiert, der sich an mich und die mir wichtigen Dinge erinnert, der mir etwas erklären kann, was ich nicht verstehe, auf den ich mich verlassen kann.

5. Ein gutes Gedächtnis schafft Lebensfreude

Wer sich für viele Dinge interessiert, nimmt intensiver am Leben teil. Er gestaltet seine Lebenszeit bewusster. Er erinnert sich, womit er seine Zeit verbracht hat. Er hat Freude daran, Neues zu erfahren, neue Inhalte mit bekannten zu verknüpfen, in sein Wissensnetz einzuhäkeln und dieses dadurch zu vergrößern. Er kann leichter mit anderen Menschen kommunizieren, da schnell ein Thema gefunden wird, das beide interessiert. Langeweile ist für ihn ein Fremdwort.

Fangen Sie an, die Geheimfächer in Ihrem Oberstübchen aufzustöbern und zu nutzen! Optimieren Sie Ihr Gedächtnis!

> *»Es gibt nicht Gutes*
> *außer: Man tut es«*
> Erich Kästner, deutscher Schriftsteller (1899 – 1974)

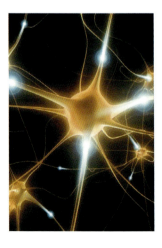

Literatur

Die Jahreszahlen entsprechen dem Jahr des ersten Erscheinens

1 Tammet, Daniel, Wolkenspringer, 2009

2 Markowitsch, Hans J., Das Gedächtnis, Entwicklung, Funktion, Störungen, 2009

3 Lenz, Siegfried, Über das Gedächtnis – Reden und Aufsätze, 1992

4 Voigt, Ulrich, Esels Welt, Mnemotechnik zwischen Simonides und Harry Lorayne, 2001

5 Bauer Joachim, Warum ich fühle, was du fühlst, 2005

6 Assmann, Aleida, Erinnerungsräume – Formen und Wandlungen des kulturellen Gedächtnisses, Habilitationsschrift 2008

7 Darwin, Charles, Survival of the Fittest, 1869

8 Spitzer, Manfred, Lernen – Gehirnforschung und die Schule des Lebens, 2009

9 Hofmann, Markus, Hirn in Hochform, 2009

10 Gose, Kathleen und Levi, Gloria, Wo sind meine Schlüssel, Gedächtnistraining in der zweiten Lebenshälfte, 1985

11 Sommer, Luise M., Gutes Gedächtnis leicht gemacht, 2006

12 Birkenbihl, Vera, Stroh im Kopf, Gebrauchsanleitung fürs Gehirn, 1997

13 Vester, Frederic, Denken, Lernen, Vergessen, 2007, Fernsehsendung 1973, Erstausgabe 1978

14 Karstens, Gunter, Erfolgsgedächtnis, 2002

15 Binder, Petra, Kopftraining, So bringen Sie Ihr Gehirn in Schwung, 2007

16 Gregor Staub, Mega Memory, Optimales Gedächtnistraining für Privatleben, Schule und Beruf, 2001

17 Breitkreuz et al., Fit für die Rezeptur, 2008

18 Beyer, Günther, Brainfitness, Gedächtnis- und Konzentrationstraining, 1994

19 Müller, Horst, Mind Mapping, 2009

20 Stenger, Christiane, Warum fällt das Schaf vom Baum, 2004

21 Buzan, Tony, Kopftraining, Anleitung zum kreativen Denken 1993

22 Buzan, Tony, Power Brain, Der Weg zu einem phänomenalen Gedächtnis , 2002

23 Buzan, Tony, Nichts vergessen, Kopftraining für ein Supergedächtnis,
2000

24 Hahn, Ulla, Gedichte fürs Gedächtnis, Zum Inwendig-Lernen und
Auswendig-Sagen, 2008

25 Katz, Lawrence und Levi, Gloria, Neurobics, Fit im Kopf, Übungen zur
Leistungssteigerung des Gehirns, 2001

26 Time life, Mindpower, Gedächtnistraining, 1994

27 Beyer, Günther, Gedächtnistraining, 1974

28 Sprenger, Reinhard, Das Prinzip Selbstverantwortung, Wege zur Motivation, 2002

29 Lorayne, Harry, Wie man ein super Gedächtnis entwickelt, 1957

30 Lorayne, Harry, Der schnelle Weg zum guten Gedächtnis, 1985

31 Hüther, Gerald, Bedienungsanleitung für ein menschliches Gehirn,
2001

Stichwortverzeichnis